LES ANCIENS CONNAISSAIENT-ILS LE PLATINE?

SAVAIENT-ILS L'EMPLOYER?

DISCUSSION

SUR

L'ANTIQUITÉ DE LA DÉCOUVERTE ET DE L'USAGE

DU PLATINE.

« Et cela faisoy-ie en partie pour voir si je pourrois
» tirer quelque contradiction qui eût plus d'assurance de
» vérité que non pas les preuves que je mettois en avant.

(*Bernard Palissy*, Traité des pierres, p. 75.)

ROUEN. F. BAUDRY, IMPRIMEUR DU ROI.

DISCUSSION

SUR

L'ANTIQUITÉ DE LA DÉCOUVERTE ET DE L'USAGE

DU PLATINE,

CITATIONS

DE DIVERS AUTEURS ANCIENS A CE SUJET;

PAR M. F. REVER.

PARIS,

CHEZ { BACHELIER, Libraire, quai des Augustins, n°. 55,
Mme. Veuve HUZARD, Libraire, rue de l'Éperon, n°.

ROUEN,

CHEZ Mme. Veuve RENAULT, Libraire, rue Ganterie, n°. 36.

1827.

AVIS DE L'ÉDITEUR.

LORSQUE M. REVER fit imprimer, il y a trois ans, les deux questions sur lesquelles s'est établie la *Discussion* qui va suivre, le premier effet que produisit leur apparition fut la surprise : mais bientôt l'ancienne croyance de la nouveauté du platine, reprenant le dessus, inspira de la défiance, et finit non seulement par faire élever des doutes sur l'opinion que l'auteur semblait préférer, mais encore par susciter contre elle des objections qui furent publiées.

Je recevais journellement des demandes auxquelles je ne pouvais satisfaire, vu que l'édition ne m'appartenait pas. Ayant su, depuis, que l'auteur avait approfondi ces mêmes questions, je l'ai engagé à publier ses recherches, persuadé que les savants ne seraient pas fâchés de les connaître, désirant aussi de pouvoir répondre aux demandes qui m'avaient été faites. Il s'est rendu à mon invitation, par le motif que cette édition particulière pourrait hâter l'éclaircissement de tous les doutes.

Si l'on veut connaître tout le prospectus de la *Discussion*, je puis le donner dans les seules questions suivantes :

Quel était, chez les anciens, le métal qu'ils ont dit 1°. ne se recueillir que dans des mines d'or et parmi des sables aurifères? — 2°. Ne s'y montrer que sous la forme de grenaille noirâtre bigarrée de tons blancs? — 3°. Ne pouvoir être employé s'il n'était allié avec quelqu'autre métal? — 4°. Être toujours plus dur à fondre que l'argent? — 5°. Avoir été connu des Grecs, qui le portaient au plus haut prix, et l'employaient à des ouvrages précieux? — 6°. Être aussi lourd que de l'or? — 7°. Avoir été mis en plaqué par les Gaulois qui, d'après cette invention, firent aussi du plaqué d'argent? — 8°. Enfin avoir été désigné sous la dénomination d'*or blanc*, qu'il ne garda point, et qui fut remplacée chez les Romains par celle de plomb blanc?

Faut-il croire que ce métal était l'étain même que nous connaissons? ou bien les qualités que les anciens lui trouvaient, ressemblaient-elles aux qualités du platine? Peut-on reconnaître ces qualités dans quelqu'autre métal que le platine?

DISCUSSION

SUR

L'ANTIQUITÉ DE LA DÉCOUVERTE ET DE L'USAGE

DU PLATINE.

Les anciens connaissaient-ils le platine ? Savaient-ils l'employer ? Telles sont les deux questions que suggère naturellement la description du *plomb blanc* donnée par Pline, et qu'elle porte même à résoudre affirmativement l'une et l'autre.

En effet, entre cette description du *plomb blanc* et la description du platine par celui de nos chimistes qui en a le plus détaillé l'origine, l'exploitation, les apparences, les qualités, et l'usage qu'on en faisait de son temps, je ne trouve d'autre différence que celle des régions qui ont fourni ces deux métaux et des époques où la connaissance en a été acquise. C'est-à-dire ; nous n'avons connu le platine que vers le milieu du dernier siècle, et c'est de l'Amérique qu'il nous est venu ; au lieu que le *plomb blanc* fut anciennement connu des Grecs qui, sous le nom de *cassiterós*, l'estimaient au plus haut prix, et qu'après avoir supposé qu'on le tirait de quelques îles Britanniques, les anciens avaient enfin reconnu qu'il venait de *Galice* et de *Portugal.*

A cela près, ces deux descriptions ne diffèrent en rien d'essentiel; et, loin de se contredire sur aucun point, elles ont acquis, par l'augmentation de nos connaissances, quelques rapports, que je ne manquerai point d'indiquer.

Pour juger de la ressemblance du platine au *plomb blanc*, il suffit de comparer les descriptions que j'énonce de ces deux métaux.

« Le platine qui existe dans les cabinets est sous la » forme de petits grains et paillettes d'un blanc livide, » et dont la couleur tient à la fois de l'argent et du fer. » Si l'on examine à la loupe les grains de platine, les » uns paraissent anguleux, d'autres arrondis et aplatis » comme des espèces de galets. » (FOURCROY, *Leçons élémentaires de chimie, etc.*, tom. 2, page 280 et suivantes. Paris, 1782.)

On trouve le plomb blanc en très-petites pierres de couleur noirâtre, diversement nuancée de tons blancs; on en trouve dans des torrents qui ont cessé de couler. (PLINE, XXXIV, 16 et 17.)

« Les grains de platine sont mêlés avec diverses » substances étrangères : on y trouve des paillettes d'or, » du sable ferrugineux noirâtre, des grains qui, à la » loupe, paraissent scorifiés. » (FOURCROY, *ibid.*)

On trouve du plomb blanc dans des terrains sablonneux et noirâtres; c'est le poids de ce métal qui l'y décèle ; on en recueille dans des lavures de mines d'or. (PLINE, *ibid.* (1)).

« Le lavage entraîne le sable et les grains de fer; il » ne reste plus ensuite que les grains d'or et de platine, » qu'il est facile de retirer ». (FOURCROY, *ibid.*)

Les sables sont enlevés par le lavage, de sorte qu'il ne reste que l'or et le plomb blanc sur les égouttoirs. On les porte ensemble aux usines pour les y séparer et fondre le plomb blanc à part. (PLINE, *ibid.*)

« Le platine, tel qu'il vient des mines, ne peut être » fondu tout seul; en alliant d'autres substances métalli- » ques, on lui donne de la fusibilité. » (FOURCROY, *ibid.*)

Le plomb blanc n'est propre à rien, à moins qu'il ne soit allié à d'autres substances. (PLINE, *ibid.*, 17.)

« Le platine ne peut se fondre qu'au feu de la plus » grande violence. » (FOURCROY, *ibid.*)

Le plomb blanc ne peut servir à rejoindre des pièces en argent, parce que l'argent coule au feu avant que le plomb blanc soit fondu. (PLINE, *ibid.*)

« La pesanteur du platine est presqu'égale à celle de » l'or (FOURCROY, *ibid.*); elle la surpasse un peu lors- » que le platine est dans un grand état de pureté. » (*Min. de Pujoux.*)

Les petits grains de plomb blanc sont du même voids que l'or; c'est à cause de cela qu'après le lavage, les deux

---

(1) *Invenitur et in aurariis metallis quæ elutia* (ou *alutia*) *vocant aquâ immissâ eluente, etc.* Je ne crois point qu'il s'agisse ici du travail de lavage, dont Pline donne aussi le détail, mais des *filets* d'eaux minérales, des petits ruisseaux qui coulent des mines, que les ouvriers appellent, en quelques endroits, *gouttes*, et qui, dans les mines d'or, charriaient de petits grains et des paillettes de *plomb blanc*.

métaux restent seuls ensemble dans les égouttoirs. (PLINE, *ibid.*)

« Le zinc rend le platine très-fusible et s'allie très-» bien avec lui ; le platine s'allie parfaitement avec » l'étain (FOURCROY, *page* 199) ; le plomb et le platine » s'allient très-bien par la fusion. » (*Idem*, *page* 300.)

On contrefait l'étain stannum *en alliant deux tiers de plomb blanc avec un tiers de zinc* (æris candidi) (1), *ou en alliant parties égales de plomb blanc et de plomb noir, ce que quelques-uns appellent aujourd'hui de l'argentaire* (argentarium), *mais qu'ils indiquent sous le nom de tiercé* (tertiarium) *quand l'alliage est de deux parties de plomb noir sur une partie de plomb blanc.* (PLINE, *ibid.*)

« Il existait, avant l'époque que nous avons citée » (vers le milieu du siècle dernier), quelques bijoux de » platine : mais.... il est vraisemblable que les taba-» tières, les pommes de canne et autres ustensiles de » cette espèce, qu'on vendait sous le nom de platine, » étaient des alliages de ce métal avec quelques sub-» stances métalliques qui lui donnaient de la fusibilité

---

(1) *Nunc adulteratur stannum additâ æris candidi tertiâ portione* IN PLUMBUM ALBUM. On ne peut croire qu'il y eût du *stannum* dans cet alliage ; on n'y voit que de l'airain blanc jeté pour un tiers dans du *plomb blanc* : ainsi, on n'altérait pas *le stannum* par ce procédé, on ne le *sophistiquait* pas : mais on le remplaçait. D'ailleurs ; Pline emploie *adulterare* en plusieurs endroits dans le même sens : *Carbunculi adulterantur vitro* SIMILLIMÈ (XXVII, 7). Je n'affirme pas positivement que par *æris candidi* on ne puisse entendre que du zinc, et ce pourrait être du bismuth. Mais ce n'est pas le prétendu cuivre de Corinthe, que Pline appelle aussi *æs candidum* (ibid., cap. 2), et qui passait pour contenir une quantité notable d'argent. En effet, on ne peut croire qu'on eût substitué un alliage précieux à un métal qui ne l'était pas.

» (FOURCROY, *ibid.*). Le platine fond assez facilement » avec le cuivre ; cet alliage est susceptible de prendre » un beau poli qui ne s'altère pas sensiblement à l'air.» (FOURCROY, *ibid.*, *page* 505.)

On désigne sous le nom d'argentaire un mélange de parties égales de tiercé et de plomb blanc, et cet argentaire s'applique à tout ce qu'on veut. Le plomb blanc s'attache très-bien au cuivre, et forme avec lui un tout qu'on a peine à distinguer de l'argent. Le nom qu'on leur donne en cet état de réunion, est INCOCTILIA (ce qui semble bien indiquer que ces métaux n'étaient pas mêlés par la fusion, mais seulement attachés l'un à l'autre par une sorte de fusion commencée des surfaces contiguës). En effet, Pline ajoute : *Après cette découverte qui fut faite en Gaule, l'argent y fut bientôt traité de la même manière, et l'on en garnit les équipages, les harnois et les trains militaires.*

On a trouvé à Herculanum des pièces de batterie de cuisine qui viennent fort à propos confirmer les descriptions de Pline, puisqu'on y a reconnu du *plaqué d'argent.* Sans me donner le tort d'élever le moindre doute sur le rapport que des savants en ont fait, je regarde la conjecture que j'expose comme devant engager à essayer rigoureusement les *plaqués d'Herculanum* : car le plaqué d'argent ne fut inventé qu'après celui de plomb blanc; et les *incoctilia* de ce métal avec le cuivre ressemblent bien à notre plaqué de platine.

Je n'ignore pas que *César* a dit (*Bell. Gall.* lib. 5) qu'on trouvait du plomb blanc dans l'intérieur de l'Angleterre. Or, comme on y connaît des mines de très-bel étain, et qu'on n'y a pas rencontré un grain de platine ; comme en outre le plomb blanc cessa peu à peu d'être cité dans les ouvrages d'arts, et que le plomb est moins clair et plus sombre que l'étain, il a été tout simple et bien naturel de croire qu'en parlant de plomb blanc, César n'avait désigné que de l'étain, et l'on ne doit plus être surpris que les traducteurs et les grammairiens aient fait de *plumbum album* une expression élégante et recherchée pour indiquer de l'étain. Au fond, César n'avait pas le temps d'approfondir les détails de la docimasie, et il put bien donner à l'étain de Cornouailles le nom d'un métal qui n'était pas sans doute aussi connu de son temps qu'il le devint du temps de Pline ; joint à cela qu'en matière de productions naturelles et en certains faits, César paraît avoir rassemblé les traditions accréditées et les récits courants qui venaient à sa connaissance, sans s'occuper de les vérifier : témoin ce qu'il a dit de la longueur de la Forêt-Noire et des étranges bêtes qu'on y supposait.

Enfin l'on ne peut nier que Pline ait voulu désigner trois métaux d'origine, d'espèce et de genre différents, par les trois noms bien distincts, 1°. de *stannum*, le plus fusible de tous les métaux, propre à faire de bons miroirs et à préserver les vases d'airain de vert-de-gris et de mauvais goût, en les enduisant d'une couche si mince de ce *stannum*, que le poids de l'airain n'en était pas augmenté ; ce qui ne peut être autre chose que notre étamage ; 2°. de plomb noir retiré d'une *galène* qui n'en fournissait que le tiers de son poids et qu'on employait pour les ouvrages les plus grossiers en tuyaux et en planches ; 3°. de plomb blanc, le plus dur à fondre, aussi pesant que l'or, se trouvant toujours avec lui, dans les mines et dans les sables, et dont toutes les qualités réelles et apparentes ne peuvent convenir qu'à notre platine.

Tel fut l'exposé que je fis, au commencement de 1824, des idées que l'étude du 16e. chapitre de Pline, liv. XXXIV, m'avait suggérées sur l'identité du platine moderne et de l'ancien *plomb blanc*. Je le fis imprimer comme extrait d'un plus grand travail, pour le communiquer par avance en genre de mémoire à consulter, afin d'obtenir des hommes instruits qui le voudraient bien lire les avis qu'ils auraient la bonté de me donner, dans l'intérêt de la science. J'espérais me trouver par leur secours en état de ne publier définitivement que ce qu'il y avait d'admissible sur ces questions; et ce motif, dont je m'étais fait un devoir, m'engageait à donner un peu de publicité à ma *consultation !* Mais bientôt un savant de premier ordre, et profond antiquaire, qui voulut bien jeter les yeux sur cet exposé, me fit connaître qu'il ne pouvait approuver mes conjectures; je craignis alors très-vivement de m'être fait illusion, et je retirai sur-le-champ mon imprimé, dont je me félicitai de n'avoir émis qu'un petit nombre d'exemplaires.

En l'examinant de nouveau, je regrettai de ne l'avoir point assez soigné ! Je crus reconnaître que j'aurais pu le développer davantage, n'y pas laisser quelques incertitudes qui m'étaient échappées ; enfin que je lui aurais peut-être concilié plus de faveur, si j'avais réuni tout ce qui me revenait là-dessus après coup. Mais loin de songer à faire revivre mes questions, je reçus avec déférence, et comme de salutaires conseils, les réflexions qui m'avaient été communiquées contre mon opinion, et je préparais la fin de mon travail, que cet incident m'avait fait ajourner, sans m'occuper de soutenir mes conjectures, ni de les défendre, lorsqu'au mois d'Octobre 1824, on m'informa qu'un membre de la commission des antiquités des Vosges (1) avait trouvé l'anse fruste d'un vase antique de bronze, sur laquelle on voyait du métal incrusté, qu'on présumait être du platine, mais qu'un de nos premiers chimistes avait promis d'analyser (2).

D'un autre côté, j'appris qu'un ou deux journaux annonçaient qu'on avait trouvé du platine dans quelques mines d'or de la Russie.

Ces bruits firent plus que de réveiller mon attention; ils me rendirent un peu d'espoir, et je repris l'examen de la description du plomb blanc et de la question entière. Je me proposai de l'approfondir, de l'épuiser même, si je le pouvais; et j'eus bientôt lieu de regarder ce projet comme une sorte d'obligation, en apprenant, quelque temps après, qu'un ouvrage périodique avait publié de nouvelles réflexions contre mes idées (3).

Cependant, l'ornement de l'anse des Vosges n'est fait ni en platine, ni par incrustation! J'ai su depuis peu que la matière en a été appliquée sur le bronze, comme de l'émail ordinaire aurait pu l'être; qu'elle est cassante et composée de substances métalliques sulfurées, dont la préparation, connue des savants, est indiquée dans quelques ouvrages imprimés; souvent employée dans l'Inde, en Chine, en Russie et, selon

(1) M. Dutac, peintre.

(2) M. le chevalier d'Arcet.

(3) *Lycée Armoricain* (à Nantes), 29e. livraison, p. 419. « Quelques » réflexions sur l'ancienneté du platine, lues à la société académique » de Nantes, par M. Leboyer. » Mai 1825.

les apparences, en Allemagne. La découverte de l'anse des Vosges ne mériterait donc spécialement d'être citée que pour la preuve qu'elle offre de la grande solidité de la préparation métallique, si je ne croyais devoir ajouter que c'est la première fois qu'on en ait trouvé sur des antiques, ou du moins qu'elle y ait été remarquée.

Au reste, en convenant d'avoir rencontré des difficultés assez graves, que des hommes instruits auraient sans doute résolues plus facilement que je ne l'ai pu faire, j'ose espérer qu'à l'aide du produit de mes nouvelles recherches, et des secours que j'ai puisés dans l'étude des réflexions communiquées, mes conjectures ne se présenteront point sans quelqu'intérêt, ne fût-ce que par les expressions remarquables de quelques anciens auteurs. Elles se rapprochent tellement des passages de Pline, que je ne puis me défendre d'y reconnaître la même pensée.

Je vais d'abord m'occuper des réflexions consignées par mon honorable confrère dans le *Lycée Armoricain*.

M. Leboyer commence par donner la description du platine, comme l'état actuel de la science et des connaissances acquises par mille essais nous autorise à la présenter. J'ai préféré celle qu'on en faisait quand il parut : l'identité que je croyais voir entre cette description donnée par Pline, et celle du platine donnée par Fourcroy, me paraissait l'exiger. Je ne m'étonnais pas que les Romains, beaucoup moins instruits que nous dans quelques arts, eussent décrit leur *plomb blanc* de la même manière que nous décrivions le platine avant que nous l'eussions complètement connu. Je me serais plutôt étonné de ce qu'ils sussent le plaquer d'après l'invention des Gaulois, ce que nous ne savions point encore faire à l'époque des premières leçons de chimie de Fourcroy.

« Jusqu'ici, dit M. Leboyer, on ne l'a trouvé que » dans le Nouveau-Monde, où il accompagne les sables » aurifères, sous la forme de petits grains (1). J'avoue- » rai cependant que M. Vauquelin a cru reconnaître » le platine dans le minerai de cuivre, près de Gua- » dalcanal, en Espagne ; mais si ses observations sont » exactes, il y est en si petite quantité, qu'aucun » autre chimiste n'a pu y en trouver, quelques essais » qu'on ait faits. » (2)

A l'époque à laquelle écrivait M. Leboyer, on pouvait affirmer qu'on n'avait encore trouvé de platine en Europe que la petite quantité extraite ou aperçue par M. Vauquelin, lorsqu'il essayait du minerai d'argent de Guadalcanal.

On ne pourrait l'affirmer aujourd'hui, à cause de la découverte qu'on dit avoir été faite en Russie, près de l'arrondissement des usines de Goroblahadat,

(1) Ou l'a trouvé depuis peu dans des filons aurifères, près de *Santa-Rosa* de Osos. Voyez ci-après, page 51, note 1ere. Posidonius est le premier qui ait écrit qu'on trouvait du *cassiterôs* dans les mines d'or. Voyez ci-après, page 23, note 2.

(2) « M. Vauquelin a découvert la présence du platine dans la » mine d'argent de Guadalcanal, en Estramadure, province d'Espagne. » Dans la gangue de cette mine, le platine est à l'état métallique, » quelquefois en quantité très-petite, quelquefois dans la proportion » de dix pour cent; le platine ne se trouve mêlé dans cette mine » avec aucun des quatre métaux nouvellement découverts, qui » accompagnent le platine dans les mines du Pérou : c'est le premier » exemple bien authentique de la découverte du platine dans l'ancien » continent. » *Chim. de Tompson*, trad. par M. Riffaut, t. 3, pag. 314, not. du trad., n°. 1.

d'un banc de sable très-riche en platine, et ne contenant qu'*un peu d'or !*

On ne pourra nullement reproduire cette assertion, si l'on acquiert la confirmation de la découverte annoncée.

En supposant même qu'on n'eût point trouvé de platine en Europe depuis les Romains, cela ne suffirait pas pour qu'on démentît les anciens auteurs qui auraient décrit celui qu'on y trouvait de leur temps; car la difficulté consiste uniquement à bien expliquer les passages de Pline et de quelques autres écrivains (1).

« Voyons maintenant s'il est vraisemblable que du

---

(1) Il ne peut m'être défendu d'insister sur le véritable état de la question, et sur la manière exacte et précise de la poser. Je la crois exclusivement et tout entière de *littérature !* La chimie, la minéralogie, la métallurgie, entrent pour moins que la grammaire dans l'explication de quelques passages latins ou grecs qu'il s'agit de *traduire*, lors même qu'il y est question de métaux, surtout lorsque toutes les qualités de ces métaux sont généralement et presque vulgairement connues. Je crois donc que dans le cas même où l'on trouverait du platine, soit en bijoux antiques, soit en plaqué gaulois ou romain, les passages allégués n'en deviendraient ni plus clairs, ni plus expressifs; et s'ils ne désignent pas du platine actuellement, ils ne le désigneraient pas mieux après qu'on en aurait trouvé. Je ne pourrais donc alors prétendre que je l'y eusse reconnu avant qu'on en eût rencontré quelques pièces.

D'un autre côté, si c'est du platine qui est décrit en ces passages; si le plomb blanc possède les qualités essentielles et les plus étonnantes du platine; s'il n'en contient aucunes d'opposées ou même de différentes; si le seul platine peut remplir les conditions du plomb blanc, qu'importe qu'on n'en ait point encore trouvé? Nous aurons bientôt lieu d'observer qu'on n'a rien découvert non plus, de quelques productions naturelles et produits d'arts, que les Romains connaissaient, et que d'autres n'ont été aperçus que depuis peu de temps. La question gît donc tout entière dans la traduction de ce qu'ont dit les auteurs et l'exact exposé de leurs pensées.

» temps de Pline on en ait trouvé en Espagne et en » Portugal, en assez grande quantité pour en fabriquer » des ouvrages à l'usage des Grecs et des Romains. » (1)

L'invraisemblance d'une grande quantité de platine chez les Romains et les Grecs ne prouverait pas que ces peuples n'en avaient aucunement, et ne s'opposerait point à ce qu'il y en eût chez eux en pareille quantité que nous en avons.

Les Grecs ne purent faire un grand usage du *cassiterós*; il était chez eux *de trop haut prix*.

Lorsque Pline fait observer qu'après avoir long-temps divagué sur le site et le nom des pays qui le fournissaient, on était enfin parvenu de son temps à savoir qu'il venait de Galice et de Portugal, il n'ajoute rien qui donne lieu de penser qu'il en vînt abondamment; au contraire, quant il raconte l'invention du *plaqué* par les Gaulois, qui rendaient le plomb blanc *applicable* à tout *ce qu'on voulait*, il observe que cette découverte avait conduit à celle du plaqué d'argent, et que, depuis cette extension du même procédé, l'usage de *l'argenture plaquée* était devenu si commun, qu'on voyait user dans la boue, sous des roues de voitures, ce qu'on eût autrefois réservé pour orner des coupes recherchées et des tables somptueuses. Le plomb blanc n'était donc employé ni en aussi grande quantité que l'argent, ni à aussi bon marché; il n'était donc pas

(1) Je citerai toujours très-fidèlement les objections proposées non seulement en faveur des personnes qui n'avaient pas l'avantage de connaître l'estimable et savant *Lycée Armoricain*, lorsque M. Leboyer y fit insérer ses réflexions, mais ausi de peur d'atténuer les difficultés, si je me bornais à n'en présenter que l'extrait ou l'analyse.

aussi commun (1). Enfin Pline ne dit rien d'où l'on puisse augurer si, avant ou depuis la substitution de l'argent au plomb blanc, pour le plaqué, la fabrique de celui-ci avait jamais été en grande activité, ou si elle s'était ralentie, ou si on l'avait abandonnée; tout ce que nous savons sur ces derniers points se réduit aux faits et aux inductions que je viens de présenter.

« Si cela était, comment aurait-il disparu ? »

Cela se serait fait à l'époque où l'on eût terminé l'exploitation des mines qui contenaient du plomb blanc ; car tout le monde sait qu'il y a eu des mines d'or épuisées dans l'Espagne et le Portugal par les anciens (2).

Tout le monde sait encore qu'il n'y a point de platine dans toutes les mines d'or, et tout le monde doit convenir que celles qui en eussent fourni, eussent dû être épuisées les premières, comme ayant dû être exploitées par préférence.

« Comment ne l'aurait-on pas retrouvé, surtout à » présent que nous possédons des procédés métalli- » ques bien supérieurs à ceux des anciens ? »

Parce qu'on a dû cesser d'en trouver après l'épuise-

---

(1) *Album (plumbum)* INCOQUITUR *æreis operibus Galliarum inventò*, ITA UT VIX *discerni queat ab argento, eaque incoctilia vocant. Deinde et argentum incoquere* SIMILI MODO *cæpere equorum maxime ornamentis, jumentorumque jugis in Alexiâ oppido : reliqua gloria Biturigum fuit. Cæpere deinde et esseda, et vehicula, etc... : quæque in scyphis cerni prodigium erat, hæc in vehiculis atteri, cultus vocatur.* (Plin., 34, 17.)

(2) Les Carthaginois firent valoir (en Ibérie) « des mines aussi » riches que celles du Mexique et du Pérou, que le *temps* a épuisées, » comme il épuisera celles du Nouveau-Monde.. » (*Dict. des Scien.*, Ibérie, art. D. J.)

ment des mines qui le produisaient; parce que la connaissance la plus parfaite qu'on a d'une chose, ne sert de rien pour la retrouver dans un endroit où elle n'est plus.

« Le platine que nous avons trouvé en Amérique » nous aurait certainement mis sur la voie pour dé- » couvrir celui que possède l'Espagne, s'il s'y en » trouvait. »

Il eût, je crois, fallu dire : si l'on eût songé qu'il pouvait y en avoir, ou si l'on se fût douté qu'il y en avait eu (ou si le texte de Pline eût été mis en question et discuté); car l'existence du platine en Espagne ne nous eût jamais excités à l'y chercher, tandis qu'il n'y eût été ni connu, ni indiqué, ni présumé, ni soupçonné. Je reconnais au surplus qu'il est fort étonnant que depuis la découverte de ce métal en Amérique, on ne l'ait cherché ni en Espagne, ni ailleurs ! On s'est, je pense, figuré qu'il ne devait se trouver qu'au Nouveau-Monde, parce qu'il ne s'était encore trouvé que là ! Et c'était bien assez de cette erreur de logique pour éloigner de tout projet et même de toute idée de tentatives et de recherches ; cela peut expliquer aussi pourquoi la découverte de M. Vauquelin ne paraît avoir encore mis personne sur cette voie; enfin pourquoi je m'entends opposer, comme une présomption défavorable, que si l'on en a trouvé dans les mines de Guadalcanar, c'était en si petite quantité, qu'il s'est rendu imperceptible à tous les yeux qui l'ont cherché après M. Vauquelin.

« Il paraît donc certain que les sables d'or qui se » trouvent dans les rivières ne le contiennent point. »

C'est-à-dire; *n'en contiennent plus*, parce que les mines d'or d'où ces rivières les recevaient avec les écoulements et les courants d'infiltration qui l'avaient entraîné, ne sont plus là pour en fournir et mettre les rivières en état d'en charrier!

« Et s'ils ne le contiennent pas maintenant, ils ne » l'ont jamais contenu. »

Si jusqu'à présent j'ai raisonné juste, cette conséquence n'est pas rigoureusement exacte, et ne peut m'être nullement opposée.

« Il n'est d'ailleurs pas probable que les anciens » eussent pu le travailler, lors même qu'ils en auraient » eu à leur disposition. »

Je crains que cette affirmation subsidiaire ne rentre un peu dans l'objet qui est en question! En effet, les anciens savaient qu'on ne pouvait rien faire du plomb blanc quand on l'essayait seul; qu'il était plus dur à fondre que l'argent; qu'on le plaquait sur le bronze, mais qu'on n'y parvenait qu'après l'avoir convenablement allié de plomb noir, et qu'en cet état il était applicable à tout ce qu'on voulait.

Les anciens savaient donc travailler le *cassiterós* ou plomb blanc· or, ce travail ressemble si bien à celui du platine chez nous, qu'il est assez probable que ces métaux se ressemblent aussi, et qu'il est mal-aisé d'imputer aux anciens, qui décrivaient ainsi le *plomb blanc*, de n'avoir pensé qu'à l'étain, le plus fusible de tous les métaux, etc.

« Tout se réunit donc pour nous faire croire que » le platine est un métal nouveau. »

Au contraire, je trouve que plusieurs motifs se

réunissent pour nous faire croire à son ancienneté ; et parmi les plus vraisemblables, ceux-là me paraissent les plus forts qu'on tire de la description du *cassiterôs*, de ses propriétés, de son poids, de la difficulté de sa fusion ; ce qui ne convient nullement à l'étain, ce qui convient parfaitement au platine, et ne convient qu'au seul platine.

« Si les anciens en avaient fait usage, comment se » ferait-il que nous n'en eussions point trouvé dans » ce qui nous reste d'eux ? »

Comme il se fait qu'on n'a rien trouvé jusqu'à ce jour en *electrum*, soit minéral et naturel, soit factice et composé, qui plaisait tant aux anciens, et dont l'usage n'était pas rare (1) ; comme il se fait qu'on ne trouve rien de ce qu'il y avait de revêtu en étain, si le plomb blanc n'était que de l'étain.

Comme il se fait qu'on ne trouve rien de ces plaqués d'argent, employés partout en si *grande profusion*, etc. (2). Comme on serait porté à contredire la vraisemblance de ce procédé, si les fouilles d'Herculanum n'en avaient pas révélé la certitude.

Comme il s'est fait qu'on n'ait point trouvé d'orne-

(1) Cartinovis, au rapport de Brugnatelli, était sans doute persuadé de l'ancienneté de la connaissance du platine, lui qui croyait l'entrevoir dans l'*electrum* ! (Ann. de chimie, 1790, V. Chimie de Tompson, trad. de M. Riffault, t. 1, p. 564.) Si le hasard eût attiré son attention sur la description du *plomb blanc*, eût-il préféré l'*electrum* ?

(2) On a trouvé à Saint-Chef une *argenture* qu'on a prise pour celle qui se fait quelquefois avec de l'argent en poudre, et qu'on a nommée *argenture fondue*. Il est assez probable que c'était du plaqué qui n'étant point encore alors inventé chez nous, ne pouvait être reconnu de personne. (*Cayl.*, *Rec. t.* 5, *pag.* 294.)

ment en métaux sulfurés, avant l'anse des Vosges, etc. (1)

« Mais, me dira-t-on, la description que Pline donne » du plomb blanc convient parfaitement au platine ! » Quand cela serait, on n'en pourrait tirer aucune » conséquence : tout le monde sait que Pline était on » ne peut plus crédule ; il a recueilli dans son histoire » naturelle une foule de contes populaires, dont on » se moque depuis long-temps. »

(Vient à la suite, la citation du pic-vert et de sa prétendue manœuvre pour ouvrir son nid, quand on l'a bouché.)

On pourrait au moins s'étonner de ce que les qualités du platine, inconnues de l'univers, eussent été par lui devinées dans le plomb blanc avec autant de précision qu'il l'a fait !

« Ses assertions ne sont pas toujours très-sûres : il » est possible qu'il ait été trompé sur *l'étain*, qu'il » appelle *plomb blanc* » (p. 424).

C'est avec quelques regrets que je me vois réduit à observer de nouveau que cette affirmation rentre

---

(1) L'argent, m'a-t-on dit, peut s'altérer, s'oxider, se minéraliser et devenir entièrement méconnaissable à l'œil, ce qui doit en diminuer les rencontres; au contraire, le platine étant inaltérable, devrait se rencontrer plus souvent !

Oui, s'il eût été aussi communément employé, s'il eût été aussi abondant, ce qui, loin de pouvoir être présumé du *plomb blanc*, est contredit par les conséquences qu'on a lieu de tirer de ce que disent les auteurs.

Je ne demanderai pas si l'on a quelquefois trouvé des objets en argent, dont le métal fût altéré au point de n'être pas reconnaissable; je me borne à rappeler que, malgré l'immense quantité d'objets qui furent faits en plaqué d'argent, on n'en avait néanmoins trouvé nulle part quand on ouvrit Herculanum, etc. (*Cayl.*, *Rec.*, *p.* 290 *et suiv.*)

dans l'objet mis en question, comme je l'ai fait voir d'une des précédentes (1).

« Les Romains ne connaissaient pas bien les lieux » d'où l'on tirait ce métal (l'étain). »

Il eût fallu mettre le *cassiterós*, ou le *plumbum album*, en attendant que le vrai sens de ces expressions eût été bien fixé. Je serais alors convenu que les Romains n'avaient pas toujours connu d'où l'on avait tiré ce *cassiterós* ou *plomb blanc*, mais j'aurais rappelé le sincère aveu que Pline en faisait, et son observation que de son temps, etc.

« Les Carthaginois, qui en faisaient le commerce, » s'efforçaient de les cacher (ces lieux) aux autres » nations ! Comme ils passaient le détroit de Gibraltar » et qu'ils allaient dans l'Océan, les Romains pouvaient » croire qu'ils le tiraient de Portugal et de Galice. Pour » décourager les autres peuples et les détourner d'entre- » prendre ce commerce, les Carthaginois étaient inté- » ressés à entretenir cette erreur, et surtout à faire » croire que son exploitation présentait de très-grandes » difficultés. Pline en a peut-être été la dupe. »

Pline ne pouvait guère être dupe sur la situation des exploitations du *plomb blanc* (en Espagne,), qu'il disait être positivement et généralement reconnues de son temps, ce qu'il était d'ailleurs si facile de vérifier. Ce n'était pas non plus par duperie qu'il disait qu'il y avait de *son temps* un métal qu'on ne pouvait employer qu'en état d'alliage, qui se fondait avec plus de difficulté que l'argent, etc.

---

(1) P. 15. (*Les anciens auraient-ils su travailler le platine ?*)

Quant aux suppositions de la finesse des commerçants carthaginois, je veux bien y croire : mais en l'appliquant à mon sujet, je demanderai à mon tour si dans l'hypothèse des mines en Portugal, il n'était pas de leur intérêt d'entretenir l'erreur des îles *Myctis* et Cassitérides; et s'il ne leur était pas facile d'y parvenir, en faisant aborder en Angleterre quelques petites quantités de plomb blanc, sur des barques lusitaniennes qui étaient d'osier doublées de cuir, dont les équipages pouvaient se dire venir de certaines îles qu'ils étaient bien sûrs qu'on ne trouverait jamais, et que Pythéas avait inutilement cherchées?

« Pline aura pris des informations sur les mines » *d'étain* que fréquentaient les négociants carthagi- » nois » (1).

Je remarquerai encore, mais pour la dernière fois, de peur de me rendre à charge, qu'il eût fallu dire les mines de *cassiterós* ou de *plomb blanc*, et que l'acception répétée du mot *étain*, pour traduire les deux autres, est, dans l'état actuel de la question, sinon gratuite, au moins prématurée.

« Il aura interrogé quelqu'un de leurs capitaines de » navire, qui lui aura fait des contes pour le dérouter ! » Les Carthaginois cachaient soigneusement les lieux » où ils prenaient *l'étain*, et les moyens d'exploitation » qu'ils employaient pour le purifier. J'ai lu quelque » part qu'un navire carthaginois destiné à ce com-

---

(1) Cette objection n'est pas immédiatement à la suite de la précédente, elle fait partie du résumé : j'ai cependant cru pouvoir la placer ici comme une suite ou une reprise de la première, afin de répondre aux deux à la fois et n'avoir plus à y revenir.

» merce, se voyant suivi par un navire romain, aima » mieux se laisser échouer sur une côte éloignée de » celle où il allait, que de faire connaître le lieu de » leur commerce. Pline, qui n'était pas très-bon criti- » que, et qui croyait volontiers tout le merveilleux » qu'on lui racontait, aura donné dans le piége : de » là le passage qui aura embarrassé M. Rever et plus » d'un commentateur avant lui. »

Si l'on pouvait fondre la difficulté entière dans cette supposition d'un conte, et la réduire à l'admission ou au rejet de ce conte, toute la polémique serait écartée, et la question se classerait parmi celles qui se décident d'après le *sens-intime*.

Les savants qui penseraient, avec M. Leboyer, que le conte peut avoir eu lieu, rejetteraient avec lui la description de Pline, comme le fruit de sa mystification; les hommes qui penseraient comme moi que le conte est inadmissible, tiendraient aux descriptions de Pline, et l'excuseraient sur l'inculpation d'une trop forte bonhomie : dès-lors il n'y aurait plus qu'à compter les voix de chaque côté, pour trancher les débats à la pluralité.

Cependant, ne voulant point qu'on puisse me soupçonner de faire injure au caractère grave et sensé de mon honorable confrère, je déclare être entièrement persuadé qu'il a cru franchement à la possibilité de la supposition; qu'il y a trouvé contre mes idées sur la description de Pline, une objection très-sérieuse, et que par là même il est de mon devoir de m'en défendre avec tous les efforts dont je puis être capable.

Ainsi, 1°., quoique je reconnaisse en Pline beaucoup

de facilité à recueillir des renseignements défectueux et jusqu'à des croyances illusoires, il savait, en bien des cas, juger du mérite des récits avec une très-bonne critique et fort sainement. C'est ainsi qu'en parlant de l'invention et du secret de forger le verre, il avertit qu'il n'y croit pas; de même encore, en décrivant les quadrupèdes du nord, aux jambes inarticulées, que tout le monde admettait, dont César a tellement désigné le lieu de naissance et d'habitation, qu'on le croirait notoire, Pline disait au moins que personne n'en avait vu, ce que César avait laissé ignorer! Jusque dans la question actuelle, Pline, qui connaissait les commentaires, combat indirectement l'assertion de leur auteur sur le plomb blanc, en se rangeant à l'opinion des hommes instruits, dont aucun, *de son temps*, n'ignorait que l'Espagne et le Portugal, etc. (1). Ne serait-il pas étonnant qu'il méritât le reproche d'une aveugle crédulité, sur une question dans l'examen de laquelle il réforme la tradition accréditée des mines du *cassiterós; fabulosè narratum*, etc. (2).

2°. Dans l'hypothèse du conte mensonger et de l'*étain* dans le *plomb blanc*, Pline n'eût eu sans doute en vue que de s'enquérir du lieu d'où venait ce *plomb blanc*, ou peut-être encore des procédés de l'épuration; mais on ne peut admettre qu'il eût voulu s'informer de l'usage qu'on en pouvait faire, ni des pratiques d'ouvriers dans ce travail, puisque chaque jour il en

(1) Voyez sur cette attaque *indirecte* de Pline les réflexions de la note 1ère, p. 36.

(2) Le texte est rapporté tout entier ci-après, p. 28, note 1ère.

avait à Rome des exemples sous les yeux, et qu'il les connaissait très-bien.

Le capitaine carthaginois eût donc bien manqué d'adresse, en s'étendant sur des détails entièrement opposés à ce que tout le monde connaissait de l'étain, et Pline n'aurait pas voulu échanger ces connaissances usuelles de travail journalier contre un récit aventuré, tout neuf et sans aucun fondement. Eût-il osé dire en face de ses contemporains et compatriotes que tout le monde connaissait la situation des mines du *cassiterôs*, en Espagne et en Portugal, si personne n'en eût encore entendu parler, s'il en eût été le premier instruit? Enfin, dans le même passage où il eût étalé cette érudition d'emprunt, sur la difficulté de fondre le plomb blanc, eût-il réuni les documents de la vieille doctrine, et présenté le même métal, comme le plus facilement fusible, sous le nom d'*étain* (*stannum*), et comme le plus dur à fondre, sous le nom de *plomb blanc*? ou plutôt peut-on supposer que Pline n'eût pas reconnu l'imposture dans tout ce qu'elle eût contenu d'opposé aux connaissances et aux pratiques de son temps?

3°. En supposant toujours l'existence du conte punique, on est réduit à soutenir qu'en décrivant les qualités controuvées d'un métal imaginaire, le menteur de Carthage est tombé si juste sur l'horoscope d'un métal inespéré, que les qualités du vrai métal, qu'on n'a déterré que plus de seize cents ans après l'historiette, se sont trouvées précisément les mêmes que celles du métal supposé, et que l'inventeur des premières, malgré les dangers qu'il courait de se fourvoyer, n'en mêla ni de contradictoires ni de surabondantes (1).

4°. Ce n'est pas seulement du temps de Pline que furent connues les mines de *cassiterós* ou *cattiterós* (selon les *dialectes*) : on savait à peu près deux siècles avant lui, qu'il y en avait en Portugal. Il est cependant vrai que n'étant point encore aussi bien instruit qu'on le devint au siècle de Pline, sur le véritable état et la réelle situation des mines de ce métal, on comprenait toujours au nombre des pays qui le produisaient, des îles Cassitérides dont l'étymologie soutenait un peu le crédit, parce que les voyages et les découvertes nautiques ne les avaient point encore fait reléguer parmi les *fables* ; mais on connaissait dès-lors la manière de le recueillir et de le laver, en Portugal, presque semblable à celle que Pline a décrite ! On lui donnait même à cette époque le nom d'*or blanc*, qui ne lui fut pas plus continué qu'il ne l'a été chez nous au platine. C'est Strabon qui nous a transmis ces indications, qu'il tenait de Posidonius (2).

---

(1) Absolument et physiquement parlant, cette rencontre, toute curieuse qu'elle est, ne me paraît pas plus impossible que la sortie d'un même numéro cent fois de suite dans une loterie..... Moralement, on ne trouverait pas de joueur qui voulût parier quoi que ce fût pour le succès de pareil tirage, toujours possible, mais jamais croyable.

(2) *Addit porro Posidonius cassiteron, non ut historici divulgarunt in superficie terræ inveniri, sed effodi. Nasci apud barbaros qui supra Lusitaniam degunt, et in cattiteribus insulis : ex Britannicis quoque massiliam adferri. Apud Artabros qui Lusitaniæ, versùs occasum et septentrionem ultima habent* (Pline cite le promontoire de cette région sous le nom d'*Artabrum*) *efflorescere ait terram* CATTITERO AUREO ALBO (κατττιτερω χρυσιω λευκω) ; *est enim permixtum argento. Hanc*

Après avoir parlé de la richesse de certaines mines et des travaux d'exploitation, « Posidonius ajoute (dit » Strabon) que les historiens ont eu tort de placer » (uniquement) « la présence et la récolte du *cassiterôs* » à la surface de la terre, parce qu'on en retire des » mines ; qu'il s'en forme dans le pays des barbares qui » demeurent au-dessus du Portugal ; et dans les îles » *Cassitérides ;* qu'il en vient aussi des îles Britanniques » à Marseille. »

Il dit que « chez les peuples situés aux confins du » Portugal, à l'ouest et au nord, on trouve à fleur » de terre le CASSITEROS-OR-BLANC, toujours mêlé » d'argent : ce sont des courants qui charrient et dé- » laissent ces dépôts métallifères. Quand ils ont été » *ratissés* par des femmes chargées de les recueillir, » on les étend sur des claies tressées, pour les y laver, » jusqu'à ce qu'on en ait entièrement dégagé le *cassiterôs*, » et qu'on le puisse retirer seul et très-pur. »

Faut-il croire qu'il y ait eu dès ce temps-là des questionneurs mal-avisés et des Carthaginois moqueurs, ou que Pline ait encore été la dupe, soit de leurs descendants, ses contemporains, soit des vieux contes de leurs aïeux, transmis jusqu'à lui..... Non ! rien de tout cela n'est recevable, et je ne dois pas en différer la démonstration.

5°. En effet, dès le temps de Posidonius et de Strabon, il n'y avait déjà plus ni ville de Carthage, ni commerçants puniques sur terre ou sur mer, ni capi-

---

erram pluviis deferri et à mulieribus sarculis exhauriri lavarique in textis cratibus, donec expurgatâ terrâ cassiterôs purum fiat. (Strab., Trad. X, land. Geogr., 3. part., Bazile., p. 156.)

taine imposteur, en état de mystifier les savants grecs ou romains ! Après le sac de Carthage par Scipion, cent quarante-six ans avant l'ère chrétienne et la dispersion de ce qui n'avait pas été massacré de Carthaginois, ou conduit à Rome en esclavage, les Romains se substituèrent à leurs victimes, dans leurs établissements, dans leurs colonies, dans leur commerce ; ils en découvrirent peu à peu les relations, les détails et toutes les particularités. Voilà pourquoi les premiers renseignements qui, du temps de Posidonius et Strabon, commençaient à percer sur l'origine et la nature du *cassiterôs*, ne mettaient ces auteurs qu'en état d'en ébaucher, pour ainsi dire, la véritable histoire : ainsi, en parlant de ce métal comme d'une espèce *d'or* (sans doute à cause de son poids), et en attribuant à la présence de l'argent les teintes de *blanc* qu'on y voyait, ils laissaient douter si l'on savait déjà le travailler ; au lieu que par les documents successivement acquis, constatés et notoirement connus depuis le rétablissement de Carthage et la constitution en colonie qui en fut faite cent ans après, Pline était en état de bien décrire les qualités avérées et constantes du *cassiterôs*, avec lequel on ne croyait plus que l'argent fût combiné, et qu'on désignait en définitive sous le nom de *plomb blanc*. Je reconnais ce qu'on a mentionné de ce navire punique dont l'équipage ne voulut point s'exposer aux mauvais traitements des Romains. M. Leboyer l'a pu lire dans les excellents mémoires de Bougainville, parmi ceux de l'Acad. des inscript., tom. 26 et 28, ou dans Strabon, à la fin de son 3e. livre, ou même encore, ce me semble, dans l'Histoire des Voyages.

Strabon, qui ne donne pas l'époque de cet événement, fait néanmoins entendre que ce devait être avant la destruction de Carthage, puisqu'il dit que le sénat de cette ville dédommagea le capitaine de la perte de sa cargaison, et fait observer que par la suite P. Crassus découvrit les îles du ou de *Cassiterós*, que les Romains ne connaissaient point encore alors (1). L'époque n'en peut donc être placée ni avant la première guerre punique, puisque les Romains n'avaient point encore de marine, ni après la troisième, puisqu'à cette époque celle des Carthaginois avait été détruite. Or, ces observations viendraient plutôt à l'appui de mes conjectures qu'elles ne pourraient leur nuire (2).

(1) Le nom de *Cassitérides* n'étant qu'une désignation de propriété, et non de situation, ni de distinction, on pouvait appeler *cassitéride* tout endroit, quel qu'il fût, où l'on trouvait du cassiterôs; les uns, comme Posidonius et Strabon, les plaçaient vaguement dans la mer Atlantique; Pomponius, un peu moins au large, mais sans précision, près des rives Celtiques, liv. 3, ch. 6. Enfin, Solinus (Polyhist.) sur les côtes d'Espagne, (n°. 496). Comme dans les anciens romans de chevalerie (Huon de Bordeaux, etc.), on nommait îles d'aimant les rocs contre lesquels on supposait que les vaisseaux aventuriers allaient se coller, sans que l'on se souciât d'en bien indiquer la position. Comme les anciens appelaient aussi *Electrides* les îles d'où l'on supposait qu'il venait de l'électrum. (Plin., 3, sec. 30. — 4, sec. 30.)

(2) Il y eut, il est vrai, après le sac de Carthage, des courses meurtrières auxquelles se livrèrent quelques réfugiés de cette ville à Numance : mais ces armements de vengeance et de désespoir n'avaient aucun trait au commerce, et ne durèrent que jusqu'à la destruction que Scipion fit aussi de cette dernière cité. Quant aux motifs qui portèrent le capitaine à faire échouer son bâtiment pour entraîner celui de Rome dans le même péril, Strabon en indique aussi qui pouvaient faire craindre au premier la rencontre du second, en nous apprenant que les marins de Carthage passaient pour jeter à la mer les équipages, et couler bas les embarcations qu'ils soupçonnaient d'être expédiées pour l'Océan, ou d'y être entrées, ou d'aller en Sardaigne.

J'avoue également que le passage de Pline m'a beaucoup embarrassé, tant que j'ai voulu trouver de l'étain dans le *plumbum album;* mais du moins je ne suis plus obligé de me défendre contre l'existence ou la possibilité du conte allégué, comme source de mon embarras et de celui des commentateurs avant moi.

Je vais maintenant remonter aux autres objections contenues dans le *Lycée.*

« Le même naturaliste dit, au livre 4, chap. 16,
» que le *candidum plumbum* se tirait de l'île Myctis,
» une des îles Britanniques; ainsi voilà Pline en con-
» tradiction avec lui-même : comment donc tirer
» quelques conséquences du chapitre 16 du 34e. livre? »

M. Leboyer laisse *à désirer* ici la transcription du passage indiqué; je vais donc remédier à cette omission, en copiant le texte (1), dont je vais présenter aussi la traduction.

« L'historien Timæus dit que l'île Myctis, produi-
» sant le plomb blanc, est à six journées en mer,
» loin de la Bretagne; que les Bretons font ce voyage
» avec des barques d'osier doublées en cuir. Il y a
» des auteurs qui nomment d'autres îles, Scandia,
» Dumna, Burgos, etc. »

---

(1) *Timæus historicus à Britanniâ sex dierum spatio navigatione abesse dicit insulam Myctim in quâ candidum plumbum proveniat. Ad eam Britannos vitilibus navigiis corio circumsutis navigare. Sunt qui et alias prodant : Scandiam, Dumnam, Burgos, etc.*

Ne pourrais-je point faire observer la petite différence grammaticale que produit le *subjonctif* hypothétique *proveniat*, au lieu du *présent provenit*, qui serait affirmatif? M. Leboyer est plus en état que moi de l'apprécier : peu importe sans doute qu'on lise, en quelques éditions, *Pytheas* au lieu de *Timœus.*

On voit ici que Pline ne se proposait que de citer les écrits et l'opinion d'autrui, et l'on ne peut supposer qu'il ait voulu donner comme sienne la croyance de Timæus, puisqu'il ne l'adoptait pas et qu'il la traitait de fabuleuse, dès qu'il trouvait l'occasion naturelle de la réfuter, ainsi que nous allons le voir encore bientôt.

Pline n'est donc point en contradiction avec lui-même. « Au reste, continue M. Leboyer, voici la » traduction littérale de ce passage. »

Nous allons donner la nature du plomb : « Il y en » a de deux espèces, le noir et le blanc; le plus pré- » cieux est le blanc, que les Grecs appellent *cassiterós*. » *C'est à tort* (1) qu'on a raconté qu'on va le chercher » dans les îles de l'Océan Atlantique, et qu'on l'apporte « sur des barques d'osier recouvertes de cuir (2). On

---

(1) *Voilà l'occasion naturelle et la réfutation expresse* que j'annonçais tout-à-l'heure ! La citation du texte d'après lequel Pline doit être excusé de contradiction, ne pouvait suivre de plus près le reproche qui venait de lui en être adressé. *Pretiosissimum candidum à Græcis appellatum cassiteron,* FABULOSÈQUE NARRATUM in insulas *Atlantici maris peti, vitilibusque* navigiis circumsutis corio advehi. NUNC CERTUM EST IN LUSITANIA GIGNI ET IN GALLÆCIA, etc

(2) J'ai déjà dit que ces embarcations, loin d'être particulières aux Bretons, étaient connues en Portugal ; Polybe nous l'apprend, et Strabon en prolonge l'usage jusqu'au temps de Brutus. (*De Lusit.*) On ne peut donc repousser le doute que je me suis promis d'élever. Il se pourrait donc que les barques d'osier apportant du *cassiterós* en Bretagne, fussent venues des chantiers du Portugal; qu'elles fussent frétées par des armateurs de Carthage, et conduites par leurs capitaines, munis de fallacieuses expéditions de *Myctis*, *Bergos*. etc. Les historiens antérieurs aux progrès de la marine romaine, fort peu instruits sur cette région isolée du continent, ont donc pu se tromper sur la véritable origine de ces barques, et les croire britanniques, d'après l'inexacte et commune opinion.

» sait maintenant avec certitude que ce métal se trouve » dans la *Lusitanie* et dans la *Gallécie* (le Portugal » et la Galice) ; il est à fleur de terre dans le sable ; » c'est son poids et sa couleur qui le font remarquer (1); » il se trouve principalement dans les torrents dessé- » chés, sous forme de très-petits cailloux. Les métal- » lurgistes lavent ces graviers ; ils grillent dans leurs » fourneaux ce qui se dépose au fond (2). On en » trouve aussi dans les minerais d'or, qu'on appelle » *elutia* ou *alutia* (or de lavage). Ces graviers, dont » nous avons parlé , sont noirs et bigarrés de blanc. » Lorsqu'il ont été lavés, ils ont le même poids que » l'or, et par conséquent restent dans les paniers où » l'on ramasse l'or (3). On les en sépare par le feu,

---

(1) Je vais proposer des variantes pour quelques endroits de la traduction que je cite.

Summâ tellure arenosâ , et coloris nigri pondere tantum ea deprehenditur. On en trouve à fleur de terre, dans des terrains sablonneux et de couleur noire; ce n'est qu'au poids de cette terre qu'on reconnaît les endroits qui contiennent du *cassiterôs.*

Interveniunt et minuti calculi , maximè torrentibus siccatis. On en trouve aussi sous forme de petites pierres (gravier), surtout dans le lit des torrents où il reste à sec après leur passage.

(2) *Inveniunt et in aurariis metallis* (quæ elutia vocant, ou *alutia*). On en tire aussi des mines d'or qu'on appelle *coulantes.*

Lavant eas arenas metallici, et quod subsidit coquunt in fornacibus. Les ouvriers des mines lavent ces graviers, et font griller aux fourneaux ce qu'on a recueilli du lavage.

(3) *Aquâ immissâ eluente calculos nigros paulum candore variatos, quibus eadem gravitas quæ auro : et ideò calathis in quibus aurum colligitur , remanent cum eo.*

L'eau infiltrée dans les mines charrie , quand elle s'en écoule , des graviers noirs, bigarrés de blanc, qui sont du poids de l'or; ce qui fait que ramassés avec l'or dans les paniers de lavage , ils restent au fond de ces paniers avec lui.

» et ils se convertissent en plomb blanc (1). On ne » trouve point de plomb noir en Gallécie (Galice), » pendant qu'il abonde en la Calabre (la Biscaye) ; » il n'est jamais uni au minerai blanc d'argent, quoi- » qu'il se trouve souvent uni au minerai noir : *on » ne pourrait souder deux pièces de plomb noir sans » du plomb blanc et sans huile; le blanc ne peut être » aussi uni sans plomb noir : le plomb blanc était » déjà fort estimé dès le temps de la guerre de Troye*, » car Homère en fait mention, sous le nom de *cas- » siterós*. Le plomb noir s'obtient de deux manières : » ou il provient d'un minerai qui ne contient pas » d'autre métal, ou il se retire du minerai d'argent, » auquel il est mêlé ; le métal fondu qui coule le » premier des fourneaux, est appelé *stannum* (étain) ; » l'argent vient ensuite ; ce qui reste dans les four- » neaux est la troisième partie du minerai, qu'on » appelle galène ; cette troisième partie, fondue de » nouveau, donne du plomb noir, après en avoir tiré » les deux autres parties. »

« Il y a, dit M. Leboyer, dans cette description, » des choses qu'on ne peut expliquer, quelque parti » qu'on embrasse. »

Il y en a du moins qui servent à prouver que Pline

---

(1) *Posteà catinis separantur, et in album plumbum resolvuntur.*

Ensuite on les met à part dans des capsules, et on les réduit en plomb blanc.

Nota. Mis au feu avec l'or, ils auraient pu en être séparés comme moins fusibles ; mais il eût été à craindre qu'ils s'amalgamassent avec l'or au moment de la fusion et coulassent avec lui. Le texte porte expressément que la séparation de ces graviers se faisait dans des capsules, avant qu'on les mît au feu.

n'est pas en contradiction avec lui-même sur le pays natal du *cassiterós* ; et du reste, j'espère qu'en *prenant le parti* du platine, et en discutant le texte, il ne s'y trouvera rien d'inexplicable.

« Si c'est du platine, pourquoi les Grecs l'appe- » laient-ils *cassiterós*, mot qu'ils employaient partout » pour signifier l'étain ? »

J'oserai représenter qu'il eût été plus exact de convenir qu'après Pline, Isidore et quelques autres que j'aurai lieu de citer bientôt, les auteurs du moyen âge se sont les uns les autres entraînés, imités et suivis, en traduisant le *cassiterós* des Grecs par le *stannum* des Latins; mais qu'aucun n'a songé à prouver que les auteurs grecs reconnaissaient et décrivaient les qualités de *l'étain* dans le métal qu'ils appelaient *cattiterós* ou *cassiterós*, et je n'en connais aucun qui l'ait ainsi décrit. Il est donc encore à regretter que mon honorable confrère n'ait pas joint ici quelques citations à ce sujet.

« Comment deux morceaux de plomb noir exige- » raient-ils du platine pour leur soudure ? »

Je réserve cette objection, tirée des procédés de la soudure, et je ne la discuterai que la dernière (1), parce que la solution exigera des développements particuliers. Je passe donc à la difficulté suivante.

« La manière de l'extraire de l'argent (le plomb » blanc) ne peut convenir au platine. »

Cela est vrai : aussi n'est-il pas, selon moi, question dans le texte cité, de l'extraire de l'argent ni des minerais de ce dernier métal. Mon confrère a suivi

---

(1) Ci-après, page 36.

les éditions peu soignées, qui semblent véritablement faire entendre qu'on en tirait de quelques minerais d'argent, sans dire néanmoins un seul mot *sur la manière de l'en* extraire (1) ; mais le texte de ces éditions est incorrect, non seulement parce qu'il exprimerait, tel qu'il est, une erreur de fait ; non seulement encore parce qu'en l'admettant on rendrait la construction latine irrégulière et tourmentée, mais encore, et surtout, parce qu'il y aurait contradiction entre Pline, lorsqu'il indique l'origine du plomb blanc dans les mines d'or, ou parmi les dépôts des courants aurifères, et qu'il en décrit l'exploitation avec les plus grands détails, et ensuite Pline faisant venir ce même *plomb blanc* du minerai noir d'argent, sans rien dire sur la manière de l'en obtenir ; aussi les bonnes éditions, et particulièrement celle de Hardouin, ont-elles convenablement rectifié cette leçon, en lui substituant celle-ci :

« On ne tire point d'argent du plomb blanc, quoique » les mines de plomb noir en fournissent (2). »

Cette version a d'abord le grand avantage d'être conforme à la vérité, quel que soit le métal qu'on suppose que Pline ait nommé plomb blanc (3) ; elle a de plus celui d'être bien en harmonie avec le restant du texte;

---

(1) *Non fit ex albo* ARGENTO *cum fiat ex nigro.*

(2) *Non fit ex albo* (plumbo) ARGENTUM *cum fiat ex nigro.*

(3) Si Pline a décrit le platine sous le nom de plomb blanc, il est évident qu'il ne pouvait dire qu'on en tirait de l'argent; et ceux qui croiront que le plomb blanc de Pline n'était pour lui que de l'étain, doivent convenir que cet auteur pouvait bien dire qu'on ne tirait point d'argent de l'étain, puisqu'il fait observer que l'étain (*stannum*) coulait avant l'argent, mais que l'argent se tirait du plomb, vu qu'après la fusion de l'argent, le plomb restait dans la *galène.*

enfin elle confirme la différence qu'il y a du *plomb blanc à l'étain*, puisque l'argent et l'étain sont presque toujours mêlés dans les mines.

« D'un autre côté, la description du plomb blanc,
» au commencement du chapitre, a quelque analogie
» avec celle du platine. »

Cette concession laisse à désirer l'amendement suivant : la description du plomb blanc présente une telle analogie avec le platine, qu'elle peut être employée pour le décrire, et ne peut convenir à aucun autre métal.

« M. Rever n'est pas le premier que ce passage a
» embarrassé : j'ai dans ma bibliothèque une vieille édi-
» tion de Pline par Antoine Dupinet : le traducteur
» dit en note que *ceux qui prennent le plomb blanc*
» *pour de l'étain, errent, au dire des gens de mines ;*
» *aucuns néanmoins pensent que ce soit étain de*
» *glace.* »

M. Leboyer ajoute : « Pline dit ailleurs que le plomb
» blanc se tire des îles Britanniques (1). César l'avait dit
» avant lui : pourquoi supposer que Pline et César se
» sont trompés ailleurs, pour donner à un passage
» obscur un sens qu'il n'a pas ? » (2)

Je suis déjà, et de bonne foi, convenu que ce passage m'a beaucoup embarrassé, pendant que j'ai cru qu'il n'y devait être question que de l'étain ; qu'il fallait absolument y chercher l'étain et l'y trouver.

---

(1) Le contraire vient d'être bien constaté, p. 281, note 1ere., et ce reproche ne peut plus être reproduit.

(2) Voyez sur le plomb blanc de César ce que j'ai dit ci-dessus, pag. 5, et les réflexions ci-après, pag. 36, note 1ere.

Je vois donc sans étonnement ce passage obscur embarrasser aussi mon honorable confrère, qui persiste à se tenir dans la position même où je me suis trouvé pendant mon ancien embarras, jusqu'au moment où le platine, en paraissant tout-à-coup se raccorder avec les propriétés du *cassiterós*, vint éclaircir ce passage à mes yeux.

M. Leboyer n'est pas le premier qui ait cru pouvoir se tirer de ce mauvais passage à l'aide de la supposition de quelques contes faits à la bonhomie de Pline. Vigenère, qui ne pouvait s'accommoder de ce même passage, traite Pline assez cavalièrement à ce sujet (*Tabl. phil.*, p. 884) : « Certes, s'écrie Vigenère, il écrit à la volée » de tout ce qui lui vient à la fantaisie et qu'il s'imagine, ce qui nous apprend qu'il ne faut pas toujours » se fier à ce que disent les auteurs; car, la plupart du » temps, *c'est après les autres et sans* en avoir connaissance. »

Peu s'en faut que je ne croie et n'affirme ici que si Dupinet, Vigenère, tous les gens de mines, contemporains du premier, qui se détachaient de l'opinion de tout le monde, et ne pouvaient reconnaître de l'étain dans le *plumbum album*, eussent connu le platine, ils lui en eussent fait les honneurs, et que je n'aurais pas été le premier à qui ce métal eût apparu sous le voile du plomb blanc; cette priorité, fort inquiétante, a longtemps été pour moi un incident grave, dont je rendrai compte (1).

Je ne dois plus avoir besoin de réfuter l'objection

---

(1) Ci-après, pag. 41.

renouvelée contre Pline, sur la situation des mines (1) : mais je préviendrai celle qu'on croirait peut-être pouvoir tirer de ce qu'au livre 7, ch. 56, il dit que le plomb venait, ou plutôt fut apporté pour la première fois d'une île *Cassitéride*, par *Mydatricus* (2), et je ferai observer que Pline, en donnant la liste de tous les premiers inventeurs des usages et des sciences, est censé parler d'après ce qu'on a dit avant lui, et selon les traditions courantes, plutôt que d'après son avis personnel ; secondement, qu'il ne cite qu'une époque incertaine et perdue dans la nuit des siècles ; au lieu que dans les autres passages sur le plomb blanc, il parle de ce qui se faisait de son temps et sous ses yeux.

Quant au plomb blanc de César, qui revient encore, j'avais prévenu cette difficulté dès l'exposé (p. 5). Je crois l'avoir détruite dans ce que j'ai dit depuis, et rien

---

(1) Pline ne peut plus être soupçonné ni de s'être trompé, ni de s'être contredit ; il s'est assez mis à l'abri de pareil reproche, quand il a signalé l'erreur de lieu, traditionnelle, dans l'endroit que j'ai déjà tant de fois cité : *fabulosè narratum*, etc.

Des conjectures plus hasardées que la mienne, quand elles furent produites la première fois, sur la possibilité du commerce des anciens et de leurs rapports avec le *Nouveau*-Monde, ne semblent n'etre déjà plus taxées d'exagération ; si elles continuent d'acquérir de la vraisemblance, elles jetteront peut-être quelques lumières sur ce qu'il y a d'obscur dans les anciennes traditions du commerce antique des métaux ; le platine pourra bien cesser d'être nouveau pour nous, à l'exemple du monde qui l'a fourni de nos jours, et n'avoir avec lui que la dénomination commune de retrouvé.

Néanmoins cela n'empêcherait pas que du temps de Pline, et dès le temps de Posidonius, on eût tiré du platine d'Espagne et de Portugal.

(2) Hardouin, qui trouve ce mot trop barbare pour qu'on le reçoive, et qui croit y voir une faute de copiste, propose de le remplacer par *Midas-Phrygius*. (Voy. ci-après, p. 44, not. 2.)

ne prouve que César ait parlé en connaissance de cause, puisqu'il ne s'explique point sur les qualités du métal qu'il appelait ainsi (1). Enfin, l'on a dû voir que loin *d'accuser* Pline de s'être trompé *ailleurs*, je l'ai au contraire justifié, en prouvant qu'on donnait à son passage sur *Myctis* un sens qu'il n'a pas.

Il ne me reste plus à examiner que la partie du texte dont j'ai renvoyé la discussion (2) après celle des précédentes : elle est relative aux soudures des plombs noir et blanc (3).

Je conviens ici franchement que je trouve ce passage inexplicable, si l'on prend le plomb blanc pour du platine ; que ces expressions ne peuvent signifier ici que de l'étain, et que l'auteur de ce passage a décrit la soudure des plombs blanc et noir, soit de l'un à l'autre, soit de deux portions homogènes, de la même manière que nous décrivons celle de notre plomb et de

---

(1) On ne peut se défendre de l'étonnement que fait éprouver le silence de Pline sur le plomb blanc de César ; il ne pouvait ignorer ce que le conquérant avait écrit dans son journal, ni les traits d'histoire naturelle qu'il y avait consignés : n'est-il donc pas inconcevable qu'il n'ait cité les commentaires, ni sur l'article du plomb blanc, ni sur aucun autre ? Méconnaissait-il la véracité de leur auteur ? Manquait-il de confiance en ses récits ? Je ne le puis dire ; mais on doit reconnaître qu'en faisant un pompeux éloge de l'esprit, des talents et du génie de César (lib. 7, c. 25, sec. 25), il ne dit rien d'où l'on puisse induire qu'il crût à sa loyauté, son exactitude, sa fidélité d'historien, etc.

(2) Ci-dessus, pag. 31

(3) *Jungi inter se plumbum nigrum* sine albo non potest, nec hoc ei sine oleo ac ne album quidem secum sine nigro. Album habuit auctoritatem et Iliacis temporibus, teste Homero, cassiterôs ab eo nominatum. (Pline, 34, 16.) Voy. la traduction soulignée de ce texte, pag. 30, lig. 5.

notre étain, en changeant seulement les mots; mais il ne me sera pas difficile de prouver que ce texte est formellement en opposition avec d'autres endroits de Pline, ni impossible de faire entendre qu'il n'est pas de lui; qu'il est plutôt la note marginale d'un lecteur, écrite quelques siècles après Pline, et qu'un copiste ignorant a fait passer dans le texte, en la prenant pour le rétablissement d'une phrase omise sur l'exemplaire qu'il transcrivait.

Je pourrais expliquer ce passage d'une manière assez probable, en le supposant seulement altéré dans la première préposition *sine*. Je dirais que dans le texte il y avait probablement SIVE; ce qui suffirait pour lever toutes les difficultés (1), et je ferais observer que jamais erreur de copiste ne fut plus facile à commettre, ni plus naturellement expliquée, ni plus plausiblement réparée; mais je crois que ce texte n'est pas de Pline, et ne voulant point résister à ma persuasion, je vais en soumettre les motifs aux savants et à mon honorable adversaire.

1°. Pline s'est occupé des soudures *ex professò* dès le liv. 33, chap. 5 (sec. 30); il est entré sur cet objet en de très-grands détails, et a même prévenu qu'il le voulait traiter complètement, « afin de ne rien laisser à » désirer de ce que la nature a d'admirable en cette » particularité des arts. (2) »

---

(1) Ce texte ne signifierait pas alors *qu'on ne peut souder deux pièces de plomb* noir entr'elles, SANS *plomb blanc*, mais qu'on ne peut les souder, SOIT entr'elles, soit à du plomb blanc, sans employer de l'huile.

(2) *Contexi par est reliqua circà hoc, ut universæ naturæ contingat admiratio.* (Plin., 33, 5, versùs finem; Hard., sec. 30.)

Il indique les substances employées, comme des auxiliaires, des préservatifs, etc. Par exemple, dans la soudure du fer, il recommande l'argile, dont nous voyons encore nos maréchaux entourer certaines pièces qu'ils se proposent de souder à la forge, afin qu'en soustrayant les surfaces au contact de l'air, ils les préservent de l'oxidation. Il décrit la soudure du plomb noir avec le plomb blanc, et du plomb blanc avec lui-même, au moyen d'un peu d'huile (1).

Il parle de la soudure du *stannum* avec les pièces d'airain, et de l'argent avec le même *stannum*, etc.

Quel motif est-il donc possible de supposer qu'il ait eu, pour revenir *ex abruptò*, sans à propos et mal-adroitement, se contredire sur un objet terminé dans le précédent livre, et placer cette gaucherie à très-peu de distance de l'endroit où il avait annoncé qu'il allait spécialement s'occuper de la nature du plomb, de ses deux espèces, etc., en un mot, intercaler cette parenthèse hors-d'œuvre, qui détruit l'ensemble qu'ont les deux portions du texte, quand on les lit de suite, et quand on supprime l'interruption que je signale?

2°. Est-il croyable que Pline, *venant d'observer* que le plomb blanc était très-précieux et connu des Grecs, sous le nom de *cassiterós*, se soit tout-à-coup ravisé, douze lignes après, pour ne dire au fond que la même chose, pour la dire aussi absolument que s'il n'en eût jamais

(1) *Plumbum nigrum albo jungitur ipsumque album sibi oleo.*

On conçoit que les anciens ont pu employer de l'huile dans la soudure du plomb noir avec du *plomb blanc*, entendu comme *platine*, parce que l'huile diminuait l'oxidation du plomb noir; mais ce liniment dans la soudure de deux pièces de plomb blanc n'eût été qu'une routine d'atelier, dont le feu eût fait justice.

parlé, et n'ajouter à ces répétitions qu'une glose oiseuse, en citant Homère et l'époque de la guerre de Troye, ce qu'il ne convenait qu'à un lecteur d'apostiller pour son usage? N'est-on pas forcé de convenir que si l'idée lui était venue de citer Homère et la guerre de Troye, il ne l'aurait pas fait à l'aide de ce brusque et mauvais placage, et qu'il eût préféré de le noter, par addition à ce qu'il venait de dire et ne pouvait avoir oublié?

3°. Peut-on supposer à Pline assez peu de mémoire et d'attention sur ce qu'il écrivait, pour qu'il ne s'aperçût pas de la choquante contradiction dans laquelle il serait tombé, en consignant d'abord ici que pour souder, joindre ensemble et réunir deux pièces de plomb noir, il fallait absolument du plomb blanc; puis en établissant, après le faible intervalle de dix-huit lignes seulement, qu'on ne pouvait se servir de plomb blanc pour joindre deux pièces d'argent, parce que l'argent fond plus vîte que le plomb blanc (1)?

4°. Enfin, Isidore, au 16e. liv. de ses *Origines*, cap. 16 et 17, traite aussi du plomb noir et du plomb blanc. Il suit presque textuellement Pline, et n'en diffère que parce qu'il l'étend et le commente un peu; mais il ne dit pas un seul mot du passage que je rejette, en sorte

---

(1) *Neque argentum ex eo plumbatur, quoniam prius liquescit argentum* (ibid.). Deux pièces de plomb noir eussent-elles mieux supporté que l'argent le degré de chaleur qui était nécessaire pour mettre le plomb blanc en fusion?

Il est vrai que Pline dit qu'on ne retirait le plomb noir de la galène qu'après avoir obtenu l'argent des minerais mélangés; mais il ne s'agit pas ici de minerais, plus ou moins difficiles à réduire: il est question de souder deux pièces de métal réduit; et de l'un des métaux les plus fusibles.

que ses deux chapitres sont comme la transcription d'un exemplaire de Pline, dans lequel ce passage n'existerait pas, ou n'eût jamais existé de son temps! Les deux phrases de ce passage plus que suspect, étaient-elles donc encore inédites du temps d'Isidore? On doit croire que du moins elles n'avaient pas encore acquis force et valeur de texte!

Qu'on repousse donc ce passage hétérogène, comme introduit à contre-sens : et toutes les contradictions disparaîtront, et les embarras s'affaibliront partout!

DIFFICULTÉS

QUE JE ME SUIS FAITES

EN ÉTUDIANT LES PASSAGES DE PLINE.

La première de ces difficultés m'a retenu long-temps; elle venait de la persuasion même que le texte de Pline m'avait inspirée sur l'ancienneté du platine. Je le trouvais si clair, si positif, il me paraissait si évident, que je ne pouvais croire qu'on ne l'eût point encore remarqué. Je voyais qu'il avait arrêté plusieurs traducteurs et scholiastes : mais je ne concevais pas que depuis la connaissance du platine, il n'eût fixé l'attention de personne; et présumant au contraire qu'on avait dû l'apercevoir et le discuter, je n'osais réveiller cette découverte, dont tout le monde connaissait probablement l'illusion.

Je craignais, en la reproduisant, de ne prouver que l'ignorance où j'étais de l'état actuel de la science. Je me rendais seulement compte des causes qui m'avaient empêché de connaître ce texte plus tôt, en me rappelant qu'à l'époque où le platine fut indiqué dans les livres élémentaires de chimie et montré dans les cours publics, les connaissances modernes s'augmentaient d'une manière étonnante : chaque jour on nous entretenait d'expériences nouvelles, d'aperçus ingénieux, de nomenclatures raisonnées, etc. Les ouvrages des savants, que les imprimeries versaient à flots dans les deux mondes, formaient une sorte de torrent qui nous entraînait avec lui, en détournant nos yeux et notre attention des vieux livres ! Nous traitions de radotage leurs compilations surannées, et nous les repoussions tout fermés dans l'arrière des bibliothèques.

C'était donc avec cette impression conservée depuis le jeune âge, qu'en m'occupant d'une autre question et croyant découvrir une différence remarquable entre les procédés antiques de soudure et les nôtres, je cherchai, à tout hasard, dans l'ouvrage de Pline, quelques notions utiles sur cet objet ! J'en entrevis, mais ne pouvant rien comprendre au *plumbum album* en le prenant pour de l'étain, je renonçais à m'en occuper davantage, lorsque tout-à-coup le platine me parut jaillir de ce plomb blanc énigmatique, si dur à fondre, que l'argent coulait avant lui ; ne servant à rien quand on le traitait seul ; propre à tout quand on l'alliait avec du plomb noir; aussi pesant que l'or; pouvant être mis en plaqué sur tout ce qu'on voulait, etc.

Ce fut alors que m'assaillirent les incertitudes que je viens d'exposer ; elles s'affaiblirent un peu lorsque je vis dans une note sur la chimie de Tompson, traduite par M. Riffaut, l'idée de Cartinovis dont j'ai parlé (1); elles se dissipèrent quand j'eus bien connu

---

(1) Ci-dessus, pag. 16, note 1ere.

que ce texte n'avait jamais été mis en question, et je ne craignis plus d'appeler l'attention sur la ressemblance du platine avec le plomb blanc (1).

La deuxième difficulté venait de l'opinion presque générale qui, jusqu'à présent, n'avait vu que de l'étain dans le *plomb blanc*, et d'après laquelle il faudrait dire que Pline avait donné deux noms à ce métal, puisque tout le monde accorde que son *stannum* est aussi de l'étain. Cette observation me fit douter si le naturaliste n'avait point véritablement employé cette double nomenclature, en appelant l'étain tantôt *stannum*, et tantôt *plumbum album*.

Le respect accoutumé que la défiance de mes forces m'inspire sur mes conjectures et me commande pour les croyances générales, est bien capable d'entraîner ou déterminer la mienne ; mais les dissidences me font suspendre mon assentiment, elles m'obligent à les étudier, et je leur donnerais la préférence si je trouvais qu'elle leur fût due.

C'est ainsi qu'en voyant *Dupinet* et *les gens de mines* de son temps taxer *d'erreur ceux-là qui prennent le plomb blanc pour de l'étain*, je n'ai pu méconnaître dans les descriptions de Pline une opposition marquée entre les qualités qu'il attribue au premier de ces métaux et celles qu'il reconnaît dans le second.

Je ne m'arrêterai point à donner ici la liste des auteurs

---

(1) Ce n'est pas chose rare que de rencontrer des objets inaperçus, malgré l'état palpable dans lequel ils ont été depuis long-temps : la plupart de ceux qui, dans mes recherches, ont été pour moi des nouveautés, sont de ce genre-là.

qui n'ont pu trouver les propriétés du plomb blanc dans celles de l'étain ; je rappellerai seulement Isidore, à la suite de ce que j'en ai déjà cité (1). Loin de confondre le plomb blanc avec le *stannum*, il distingue celui-ci par un nom grec qu'on lui donnait alors, soit comme épithète, soit comme indice de propriété spéciale. C'est une espèce de scholie qu'il ajoute aux descriptions de Pline, après en avoir exactement suivi le texte sur tout le reste.

« Le *stannum*, dit Isidore, est désigné par le verbe grec *αποχωριζω*, pour faire entendre qu'il est propre à séparer des métaux mélangés ; en effet, on l'emploie pour décomposer, à l'aide du feu, des alliages ou mixtes métalliques ; à séparer l'or et l'argent du cuivre et *du plomb* qui les altèrent » (2).

Je ne suis point étonné de voir Isidore conserver les deux dénominations, traduire le *cassiterôs* par *plumbum album*, et lui attribuer des qualités différentes de l'étain. Cet auteur, beaucoup plus rapproché de Pline que les compilateurs dont nous avons les recueils, écrivait dans un siècle où la connaissance du *plomb blanc* n'était probablement pas perdue, et lui-même pouvait bien en avoir vu quelques objets qui

---

(1) Ci-dessus, page 39.

(2) *Stannum αποχωριζων, id est separans* dicitur, et secernens, mixta enim et *adulterata metalla inter se, per ignem* dissociat et *ab auro et argento œs plumbumque separat.* (Isid., De metal. pond. et mens., lib. 22.) Je n'examinerai ni les principes de cette théorie, ni le succès que la pratique en pouvait faire obtenir : il me suffit qu'Isidore et les artistes de son temps aient mis cette différence essentielle entre le *stannum* et les plombs.

n'eussent pas encore disparu (1). Par un motif contraire, je ne suis nullement surpris de voir les livres modernes ne plus traduire le *cassiterós* par le *plomb blanc*, qui n'a plus été connu de personne; s'accorder à le prendre pour de l'étain, parce que la substitution de tout autre métal connu eût encore été moins supportable; former enfin de concert et faute de mieux une opinion générale, qu'il devait paraître inutile d'attaquer dans l'intérêt de la science et des arts, puisqu'aucune donnée métallurgique n'eût fourni le moyen de la détruire et de la remplacer avant la découverte du platine.

Cependant je n'entends pas nier que chez les anciens une même substance ait pu avoir deux noms très-différents l'un de l'autre, et nous en avons dans notre propre langue un exemple que je citerai bientôt; mais on doit dire que dans ces cas-là, quelle que soit la dissemblance des deux noms, les qualités de la substance décrite sous l'une ou sous l'autre appellation sont identiques, au lieu que celles du plomb blanc diffèrent autant de celles de l'étain, que les noms se ressemblent peu.

Je sais en outre que Pline a quelquefois désigné sous deux appellations différentes un même objet; mais il avait communément soin d'en avertir (2), et l'on ne

(1) L'auteur qui, plus ou moins long-temps après Pline, écrivit un livre de fables, sous le nom d'Hyginus, emploie la distinction des deux plombs, le noir et le blanc, dont il attribue la découverte à Midas le Phrygien, fils de Cybèle; cela autorise ou justifie la conjecture de Hardouin, ci-dessus, not. 2, pag. 35. Hygin., fab. 274, tit. Quisquid invenit.

(2) « La molybdène, que *dans un autre endroit* nous avons nommée » *galène*. » (Plin., lib. 34, c. 4, sect. 53.)

« *Le psimmythium*, c'est-à-dire *cerussa*, se trouve dans les usines » des plombiers. » (Ibid., sect. 54.)

peut croire à la synonymie de l'étain et du plomb blanc, quand on voit Pline donner à l'un des qualités opposées à celles de l'autre, et rapprocher néanmoins ces deux noms si près l'un de l'autre, qu'on ne pourrait l'excuser, soit d'une affectation pitoyable, soit d'une inconcevable distraction, s'il ne leur avait attaché qu'une même idée ; je vais en choisir deux exemples :

« Le *plumbum album*, dit-il, se soude à lui-même à » l'aide d'un peu d'huile; il en est ainsi du *stannum*, » quand on veut le souder à des pièces de cuivre, et » pour souder de l'argent à ce *stannum* (1). »

C'est là ce que j'appelle une affectation déplacée, ou bien une inattention désolante, si les deux noms ne signifient que la même chose.

Le second exemple est tiré d'un passage que j'ai déjà cité (page 4).

« On remplace aujourd'hui le *stannum* par du *plum-* » *bum album*, dans lequel on met un tiers de zinc » (2).

---

(1) *Plumbum album jungitur sibi oleo; item stannum æramentis; stanno argentum.* (Plin., lib. 33, sect. 30.)

J'ai déjà fait observer, p. 58, not. 1ere, que l'emploi de l'huile dans la soudure du plomb blanc (plus dur à fondre que l'argent) était un hors-d'œuvre inutile et de pure routine: les anciens en avaient bien d'autres. Nos traditions d'ateliers, nos confidences d'apprentissage, nos sciences de maîtrise, enfin nos secrets en étaient remplis; l'entêtement et l'ignorance en conservent encore beaucoup, malgré la publicité des théories épurées.

(2) *Nunc adulteratur* STANNUM *additâ æris candidi tertiâ parte* IN PLUMBUM ALBUM (Ibid., sec. 48). Peu importe qu'on prenne *æs candidum* pour du zinc ou du bismuth : mais le *cuivre* jaune des

Je traduis *adulteratur* par remplacer, comme j'ai prouvé ailleurs qu'il le peut être (1); je l'avais traduit par *contrefaire* (p. 4), qui ne diffère de *remplacer* que par l'intention ; on peut choisir l'un ou l'autre, et préférer celui qu'on voudra des autres verbes, *imiter*, *substituer*, *falsifier*, etc. On n'empêchera jamais que deux termes différents, consécutivement employés pour ne désigner qu'une même substance, ne forment un puérile et mauvais jeu de mots, dont il serait injuste d'accuser Pline. qui n'a laissé rien échapper de pareil dans tout son ouvrage.

Je ne pourrais comparer cette faute qu'à l'extravagance qu'aurait eue un droguiste de l'ancienne nomenclature, qui se fût avisé d'avertir sérieusement qu'on pouvait remplacer du *vitriol* par de la *coupe-rose !*

Le plaqué d'argent ne fut qu'une application des procédés de celui du *plomb blanc*, inventé par les Gaulois ; le coup de feu nécessaire pour le plaqué d'argent ne différait donc pas beaucoup de celui que le *plomb blanc* avait à supporter dans le *plaqué* qu'on en faisait (et qu'on avait inventé le premier); puisqu'on désignait ces deux opérations par le nom générique d'*incoctilia*, indiquant l'action d'unir ensemble deux métaux, en les *surattachant* par l'effet de la fusion commencée de

---

anciens ne laisse pas de doute sur la connaissance qu'ils avaient du zinc. D'ailleurs, des médailles et des coins, dans l'analyse desquels on en a trouvé, sont la preuve de l'usage approprié qu'ils savaient en faire. (Cayl., *Rec. d'Ant.*, t. 1, p. 233.)

(1) Descrip. de la statue dorée de Lillebonne, 2e. édit., pag. 35, et ci-dessus, pag. 4, note 1ere.

leurs surfaces contiguës (1) ; *l'étain* si fusible eût-il pu supporter un pareil degré de chaleur ? le *plomb blanc*, si dur à fondre et si pesant, se fût-il prêté à ce liniment d'étamage si léger, que le poids des pièces enduites n'en paraissait pas sensiblement augmenté (2) ?

Enfin, sans prolonger cette comparaison des deux noms, qui pourrait s'étendre à plusieurs autres passages, je la termine et me résume en rappelant que Pline n'attribue nulle part à ces noms une seule propriété qui leur soit commune, et qu'il leur en donne au contraire qui sont incompatibles : ce n'est, donc pas d'une seule et même substance qu'il veut parler quand il les emploie.

Le reproche qu'on lui a fait d'avoir mis de l'obscurité dans l'usage des mots *plumbum* et *stannum*, de les avoir même confondus et pris l'un pour l'autre (3), était sans doute inspiré par l'opinion qu'on avait sur l'identité accréditée de l'étain et du plomb blanc, ou peut-être encore venait-il d'un peu d'inattention sur l'idée que Pline attache au mot *plomb* ; quand il l'em-

---

(1) Plumbum *album incoquitur æreis operibus Galliarum invento*, ut vix *distingui possit ab argento ; eaque incoctilia vocant ; deinde et argentum incoquere simili modo cœpere equorum maximè ornamentis*, etc.

Coquere, fondre ; *concoquere*, allier, fondre ensemble ; *incoquere*, attacher dessus, au moyen d'un ramollissement qui précède la fusion et qu'on arrête à propos.

Que de soins et d'attentions il faudrait apporter dans l'examen des pièces ; de leur préparation, des moyens employés pour leur donner la forme ; des procédés, du travail, etc., si jamais on trouvait du plaqué qui ne fût pas d'argent !

(2) Lib. 34, sect. 48.

(3) Dict. des sc., t. 12, p. 781, b., art. *Plomberie* (de M. Lucote).

ploie isolément, sans épithète ni distinction de qualité. En effet, il le prend alors pour indiquer à la fois les deux espèces, *blanc* et *noir* ; c'est dans ce sens-là qu'il s'en sert quand il annonce la description du *plomb*, généralement pris, dont il distingue ensuite les deux qualités. C'est encore dans le même sens qu'il rapporte l'histoire de Timæus, sur les mines de *plomb* dans l'île Myctis, et qu'il rend compte de l'opinion traditionnelle sur *Midatricus*, regardé comme le premier qui fit connaître le *plomb*, c'est-à-dire les deux espèces de plomb ; enfin, c'est dans le même sens qu'en le comparant avec l'or, il l'emploie seul, et dit que l'or ne surpasse le *plomb* ni en malléabilité, ce qui s'applique au *plomb noir*, ni en pesanteur, ce qui ne convient qu'au plomb blanc (1).

Je pourrais citer plusieurs autres auteurs anciens qui donnent le même sens au mot *plomb*, génériquement pris ; par exemple, Cassiodore (2) ; Pomponius-Mela (3) ; Strabon (4) ; Solin (5), etc.

Troisième difficulté. Je ne m'étendrai pas beaucoup pour développer une incertitude que me présentèrent, 1°. le poids du minerai d'étain, qui réellement est le plus pesant de tous les minerais, par rapport aux métaux réduits de chacun ; parce que le poids de ce minerai n'est que de 6, 90 à 6, 93, et n'a jamais pu

(1) Eût-il pu dire que le poids de l'or ne surpassait point celui de l'étain ?

(2) Lib. 3, var. epist. 31.

(3) Lib. 3, cap. 6. *In Celticis aliquot sunt insulæ quas quia* PLUMBO *abundant omnes uno nomine* CASSITERIDES *appellant.*

(4) Ubi suprà.

(5) Edit. antr. reyhar. n°. 496.

être présenté comme égal au poids de l'or, 19, 26 (1); 2°. la forme de grains noirâtres sous laquelle on trouve quelquefois l'étain, parce que la forme de ces grains n'est pas la même; parce que ces grains ne se trouvent jamais dans les endroits où Pline dit qu'on recueillait le *plumbum album;* parce que, d'après la description qu'il en fait, ces endroits ressemblent parfaitement à ceux où l'on trouve aujourd'hui le platine; 3°. le mélange opportun d'un peu de plomb avec l'étain dans l'emploi que *les arts* font de ce métal, parce que ce mélange n'est *absolument* nécessaire ni pour réduire à la fonte le minerai d'étain, ni pour mieux façonner des ustensiles en étain; parce qu'aucun potier d'étain, connaissant son état, n'oserait dire que l'étain, sans un peu de plomb, ne pourrait être *utile à rien* (comme Pline le dit du *plomb blanc,* quand il n'était pas allié avec quelque métal), comme nous le disions aussi du platine, avant que nous eussions appris à le fondre sans alliage; enfin, parce qu'on n'allie un peu de plomb à l'étain que pour rendre plus durs et plus résistants les objets qu'on en fabrique, sans égard à la petite diminution que l'éclat en éprouve; 4°. la ressemblance des formes sous lesquelles les mines présentent ces deux métaux, qu'on dit ne s'y trouver en filons ni l'un ni l'autre; parce que cette similitude est loin d'être complète; parce que le minerai granulé de l'étain ne se recueille jamais avec les grains de platine, et récipro-

(1) Etain coulant, métal réduit et pur. . . . 7, 32.
Dito minerai. . . . . 6, 90. 93.
Or 19, 26
Platine. . . . . 20, 93.

quement ; parce que beaucoup de minéralogistes croient maintenant aux mines d'étain en filons (1).

Quatrième difficulté. J'ai trouvé celle-ci pendant quelque temps plus embarrassante qu'aucune de celles qui précèdent. Elle résulte premièrement de l'alliage que Pline semble dire avoir été employé pour souder les tuyaux : secondement, de l'avis qu'il paraît donner d'une fraude que de *malhonnêtes gens* commettaient dans quelques préparations de ces alliages. Voici la traduction du texte de Pline, tel que le présentent toutes les éditions, et que j'ai déjà cité sous un autre rapport : « Quelques-uns donnent le nom de tiercé au » mélange qu'ils font de deux portions de plomb noir » avec une portion de plomb blanc ; cela coûte vingt » deniers la livre ; on s'en sert pour souder les tuyaux. » De malhonnêtes gens fondent de ce tiercé avec poids » égal de *plomb blanc*, ce qu'ils appellent alors de » l'argentaire, et qu'ils *plaquent* sur tout ce qu'ils » veulent (2). »

Avant d'examiner la première partie de ce passage,

---

(1) Les lettres de Bogota qui annoncent les observations de M. Boussingault sur la présence du platine dans des *filons* aurifères à 2775 mètres de hauteur, ne disent pas qu'on l'y ait trouvé autrement qu'en grains. (*Annales de Chimie*, Juin 1826, pag. 204.)

La plus grande importance de cette découverte, relativement à la question actuelle, est la confirmation de l'opinion des anciens sur quelques gisements du *plomb blanc*, qu'ils disaient aussi avoir lieu dans des mines d'or.

(2) ALIQUI *tertiarium vocant in quo duæ nigri portiones sunt et tertia albi. Pretium ejus in libras* XX. *Hoc fistulæ solidantur. Improbiores ad tertiarium additis æquis partibus albi argentarium vocant, et eo quæ volunt incoquunt.* (34, sect. 48, Hard.)

qui paraît avoir rapport à un genre particulier de soudure, je m'occuperai spécialement de la seconde. Tous les éditeurs, les interprètes et les scholiastes, s'accordent à voir en certains alliages que décrit cette partie du texte, l'indication d'une fraude, et dans certains procédés, de quelques ouvriers, la révélation d'une improbité que je ne puis y découvrir.

Je ne l'y reconnais point, malgré ce que Pline fait observer quelques lignes plus bas, sur le mauvais effet et la perte que causait aux pièces d'argenterie l'alliage des deux plombs, noir et blanc, lorsqu'on voulait s'en servir pour souder ces pièces, et que cet alliage n'était pas au titre légal (1).

Dans les alliages des deux plombs qu'on pouvait employer pour souder de l'argent, et dans la préparation de *l'argentaire* pour le plaqué, l'altération des doses que signale ce passage eût bien pu être une fraude dans l'intention des ouvriers; mais ce n'eût été jamais une fraude réelle. En effet, ce défaut articulé de proportion et cette *improbité* que Pline eût blâmée, eussent consisté à ne pas mettre assez de plomb noir ou faire entrer trop de plomb blanc dans le mélange! Les prétendus fraudeurs se seraient donc bientôt dégoûtés et corrigés d'une pratique mal-avisée, qui les eût ruinés à la fin, puisque le plomb blanc était beaucoup plus

(1) *Quòd si minùs albo nigri quàm satis sit misceatur erodi ab eo argentum.* (Ibid., id.) C'était une suite de ce que le plomb blanc était plus difficile à fondre que l'argent; mais on ne pourrait entrevoir de fraude à diminuer la dose de plomb noir dans cet alliage qui rongeait l'argent, à moins qu'on ne supposât que l'ouvrier eût gardé les cendres et les *crasses* de la forge et du fourneau à son singulier profit : on n'eût pas tardé à ouvrir les yeux sur cette astuce.

cher que le plomb noir : ce n'était donc pas ainsi qu'on eût pu commettre une véritable fraude ; il eût au contraire fallu diminuer les doses du métal riche, ou augmenter celles du métal commun ; cependant ce n'est pas à des confectionnaires de cette dernière espèce de préparation, que Pline est censé faire le reproche d'improbité, c'est plutôt à ceux qui ajoutaient du plomb *blanc* au tiercé, jusqu'à ce que l'alliage contînt une fois plus de plomb blanc que de plomb noir, et formât ainsi le véritable argentaire propre à toute espèce de plaqué. Cet alliage était donc supérieur à celui qui se faisait en parties égales des deux plombs, et qui n'était appelé argentaire que *par quelques-uns ;* l'argentaire aux deux tiers de plomb blanc ne pouvait donc être un article de fraude, et cette insensée spéculation ne pouvait entrer dans les vues de *malhonnêtes gens*, qui eussent bientôt été dupes de leur mauvais dessein.

Ces considérations me conduisent donc à penser que la distribution des mots n'est pas bien faite par la ponctuation courante de cette phrase. Le point final, au lieu d'être mis avant *improbiores*, me paraît devoir l'être après, de manière que ce mot ne tienne plus lieu de sujet dans la seconde phrase ; mais qu'il devienne adjectif dans la première et se rapporte à *fistulæ*, pour indiquer des tuyaux exposés à de fortes et violentes pressions, ou capables de les supporter (1).

---

(1) Comme Virgile fait rapporter *improbus à labor ;* comme Pline donne le même sens à cette expression, quand il peint les forces de la nature qui assujettissent le fer à l'aimant et le lui soumettent *: Quid enim mirabilius, aut quâ in parte naturæ major improbitas.* (lib. 36, cap. 16, Hard., sect. 25.)

Relativement à la première partie du texte, je ne nie pas expressément qu'il y soit question de soudure, parce que le mot *solidare* est employé quelquefois par Pline pour indiquer cette opération ; mais elle l'est plus souvent pour faire entendre l'affermissement ou le renforcement d'une chose ; c'est aussi dans le même sens que l'emploie Vitruve, quand il indique les moyens de donner de la solidité aux travaux de pilotis. D'un autre côté, s'il n'y avait eu que la soudure de fortifiée dans les tuyaux, cela n'eût aucunement mis le reste du pourtour à l'abri des crevasses que la pression des fluides eût fait ouvrir ; enfin j'ai toujours la persuasion que les anciens faisaient leurs soudures avec du métal pareil à celui des pièces (1).

Je pense donc que, selon Pline, le tiercé eût été employé dans la fonte même des planches qu'on devait rouler en tuyaux, et voici la traduction que je présente du texte entier par suite de ces éclaircissements :

« Quelques-uns appellent tiercé le mélange de deux » parties de plomb noir avec une partie de plomb » blanc ; c'est cet alliage qu'on emploie pour souder, » (ou plutôt pour fortifier) les tuyaux en plomb, qui » sont destinés à supporter les plus grandes pressions.

En parlant du rubis (lib. 36, cap. 28, sect. 60) : *Immensa ac* IMPROBA *naturæ portio et in quâ dubium sit plura absumat aut pariat.*

En décrivant la force et la violence des flots : IMPROBAS *vires.* Lib. 31, init. lin. 3.)

La prodigieuse végétation de la vigne : IMPROBO *reptatu pampinorumque superfluitate*, et en divers autres endroits.

La traduction devrait donc être rendue comme je vais proposer de le faire ; après en avoir discuté et justifié les motifs.

(1) *Mémoire sur les ruines du vieil Evreux.*

» On nomme » (proprement) « argentaire un mélange » en égales portions de tiercé et de plomb blanc, » qui sert à faire le plaqué (1). »

Il est encore une difficulté que je me suis faite ; c'est à mon avis la plus forte de toutes, et je suis loin d'affirmer que je l'aie pleinement expliquée; mais je suis aussi loin de la dissimuler, parce que je mets beaucoup moins d'intérêt à protéger mes idées sur l'antiquité de l'usage du platine, qu'à bien éclaircir le fond de la question, et savoir au juste ce qu'il y a de vrai. Je trouve cette difficulté dans un passage du 34e. livre, au commencement du chap. 9 (section 20, Hard.). En voici la traduction ; il désigne trois alliages propres à trois articles de fonderie :

« L'alliage suivant (dit Pline) (2), composé dans les » proportions que je vais donner, est pour fondre » les statues et les tables d'inscription. On commence

---

(1) L'emploi que je fais de l'adverbe, pour indiquer le véritable argentaire, a pour motif de marquer la différence qu'il y avait entre cet argentaire aux deux tiers de plomb blanc, et le mélange en parties égales qui n'était qualifié d'argentaire que par quelques-uns. *Mixtis albi plumbi nigrique libris : hoc nunc aliqui argentarium vocant.* (Pl., 34, sect. 48.) On ne peut guère espérer de vérifier ce procédé : de pareils tuyaux devaient être rares, et leur grande fusibilité aura nui à leur conservation.

(2) *Sequens temperatura statuaria est eadem quæ tabularis hoc modo.* MASSA *proflatur in primis : mox in proflatum additur tertia portio æris collectanei, hoc est ex usu coempti. Peculiare in hoc condimentum attritu domiti et consuetudine nitoris velut mansuefacti ; miscentur et plumbi argentarii pondo duodena ac selibra centenis proflati. Appellatur etiam nunc et formalis temperatura æris tenerrimi, quoniam nigri plumbi decima portio additur et argentarii vigesima..... Novissima est quæ vocatur ollaria vase nomen hoc dante; ternis aut quaternis libris plumbi argentarii in centenis æris additis.* (Plin., 34, 69. Hard., sect. 20.)

» par mettre la *masse* en fusion; on y jette ensuite » un tiers de vieux cuivre-mitraille, dont le principal » mérite consiste à être devenu plus doux et comme » affiné par un long usage et des nettoyements habi- » tuels (1). On ajoute à cette fonte douze livres et » demie de *plomb argentaire* par quintal. »

» On appelle encore aujourd'hui bronze à mouler (2), » un alliage rendu très-tendre par l'addition d'un » dixième de plomb noir et un vingtième d'argen- » taire (3). Le dernier alliage dit de *bouilloire* (4), » portant trois ou quatre livres d'argentaire par cent, » tire son nom des ustensiles qu'il est propre à former. »

On voit ici que dans le métal des statues et des tablettes d'inscription, Pline fait entrer de l'argentaire et par conséquent du *plumbum album*, et par conséquent aussi, qu'il n'y fait pas entrer un grain de *stannum*, s'il est vrai, comme je le pense et crois l'avoir

(1) Des fondeurs ont encore aujourd'hui la même persuasion.

(2) Je conviens que *bronze à mouler* est aussi équivoque que le latin dont j'offre la traduction. Hardouin entend par *formalis temperatura* un alliage propre *à faire de bons moules ;* ce n'eût pas été sans doute pour y couler du cuivre : ces moules n'eussent pu servir qu'à mouler du plomb, de l'étain, de la cire, de la terre, etc. Je crois que dans ce passage *formalis* signifie au contraire propre à être facilement fondu, à bien *prendre* LES FORMES dans les moules, à cause de la grande fusibilité de cet alliage appelé *très-tendre.*

Je préférerais donc d'entendre cette expression comme de la disposition d'un métal à être moulé facilement et avec succès, à bien prendre toutes les formes. Je n'oserais pas expliquer la qualification de *très-tendre* par la facilité qu'on aurait eue à le couper, ciseler, etc., à cause de la dureté que les composants devaient donner à cet alliage.

(3) Voilà pourquoi l'alliage eût été *tendre* au fourneau et dur à l'atelier.

(4) *Ollaria*, airain de *pot-au-feu*, vaisseau de *décoction*, etc.

bien prouvé, qu'il faille par ces deux noms entendre deux métaux essentiellement différents. Cependant on a trouvé de l'étain dans tous les bronzes antiques de statues, dont on a fait l'analyse, et jamais on n'y a rencontré de platine. C'était donc le *plumbum argentarium* qui fournissait l'étain du bronze ; et comme le *plumbum argentarium* n'est qu'un alliage du *plumbum nigrum* et du *plumbum album*, il s'ensuit que celui-ci n'est que de l'étain et non du platine.

Telle est la difficulté que je me suis faite et que je n'ai point affaiblie en l'exposant.

Voici maintenant les motifs qui m'ont empêché de m'y rendre. Je vais commencer par l'examen du premier procédé, applicable à la fonte des statues et des tablettes.

1°. L'expression très-remarquable et fort obscure MASSA, sous laquelle Pline désigne *la première mise* de la fonte, me paraît ne pouvoir être entendue que d'un alliage préparé d'avance par les fondeurs, et destiné par eux à devenir *le gros* de la fourniture pour l'objet proposé, sauf à l'artiste chargé du travail à joindre à cette *masse* telle quantité qu'il jugeait convenable de tout autre métal. Or, les composants fondamentaux du bronze antique ont toujours été le cuivre et l'étain : il est donc très-possible et très-naturel qu'il y eût assez d'étain dans la *masse* pour qu'on ne dût pas toujours en ajouter de nouveau ; ainsi la présence de ce métal dans les bronzes antiques et l'absence de *stannum* dans la formule, ne prouvent pas que le *plumbum album* soit du *stannum*. Les textes qui en expriment formellement la différence, conservent donc toute leur force, tandis que celui-ci reste obscur et confus.

2°. Je ne crois pas que Pline ait eu l'intention de décrire ici les mêmes métaux qui, *de son temps*, composaient l'alliage *statuaire*, parce qu'il trouvait cet alliage si mauvais, qu'il lui semblait ne pouvoir l'être davantage. « Autrefois, dit Pline (1), on jetait pêle-» mêle au fourneau de l'or et de l'argent avec le » cuivre, et malgré cela, le mérite de l'exécution » surpassait le prix du métal ! Maintenant on ne peut » dire ce qu'il y a de plus mauvais, du travail ou de » la matière, et je m'étonne que le talent des artistes » se soit éteint et perdu, quoique les prix d'ouvrages » d'art croissent et s'élèvent à l'infini : c'est un effet » de la cupidité qui corrompt tout et qui rend avide » de lucre et de gain, comme jadis on l'était du » succès et de la gloire. Les grands des états savaient » alors qu'ils pouvaient s'illustrer par les arts, et le » génie enfanta des prodiges, qualifiés d'ouvrages divins. » Tels sont aujourd'hui l'avilissement et la dégradation » de l'art du fondeur, que nulle part on ne voit de » fonte qui ait le moindre mérite. »

Je ne puis donc croire que Pline eût pris sur lui de ne décrire que les doses et les qualités *du mauvais alliage* courant qui lui donnait de l'humeur, et je trouve mille fois plus vraisemblable qu'en ce passage il indique un autre mélange qui lui paraissait meilleur

---

(1) Même liv., c. 2. Hard., sect. 3 : *Quondam æs confusum auro, argentoque miscebatur, et tamen ars pretiosior erat. Nunc incertum est pejor hæc sit an materia; mirumque cum ad infinitum operum pretia creverint auctoritas artis extincta est ! quæstûs causâ enim, ut omnia exerceri cœpta est, quæ gloriæ solebat. Ideò etiam deorum adscripta operi, cùm proceres claritatem et hac viâ quærerent : adeòque exolevit fundendi æris* PRETIOSI *ratio, ut jamdiu ne fortunâ quidem in ære jus artis habeat.*

et préférable, mais qui n'a peut-être jamais été suivi.

3°. Je regarde au moins comme assez constant que, dans la supposition même où le plomb blanc n'eût été que de l'étain, l'alliage, tel qu'il est décrit, ne s'employait pas ! En effet quoique Pline ne donne point les proportions des composants du *plumbum argentarium*, qu'il dit entrer dans ce mélange, on ne saurait penser que c'eût été celui de demi à demi, le plus bas de tous, de moindre qualité, et n'étant qualifié d'argentaire que *par quelques-uns* : c'eût donc plutôt été celui qui se faisait aux deux tiers de plomb blanc et un tiers de plomb noir. Ainsi 12 livres $\frac{1}{2}$ pour cent de cet argentaire, eussent donné 8 liv. $\frac{2}{6}$ d'étain pour cent et 4 liv. $\frac{1}{6}$ de plomb ; or, on n'a jamais trouvé de pareilles proportions dans aucun bronze antique ; encore fais-je abstraction de l'étain de *masse*, qu'on ne peut guère révoquer en doute.

4°. Enfin, sans rechercher si l'on a fait l'analyse du bronze de beaucoup de statues antiques, j'appliquerai les mêmes raisonnements que je viens de faire aux deux autres alliages, et remarquerai que l'expression *jusqu'aujourd'hui* se rapporte plutôt à la seule conservation de la dénomination, qu'elle n'indique l'usage continué de cet alliage, dont rien ne constate l'emploi effectif ; en sorte que cette dénomination n'eût été que proverbiale et comme un terme de comparaison, d'après le simple souvenir d'un ancien alliage supposé ou abandonné. Quant au métal de *bouilloire* qu'il traite de *novissima*, soit comme *nouvelle* invention, soit comme de moindre et *dernière* valeur, je ne crois point qu'on l'ait jamais mis en pratique : les ustensiles de ce service chez les Romains portaient plus d'alliage, afin qu'ils fussent moins attaquables par le vert-de-gris ; et les doses en sont ici trop vaguement indiquées pour qu'on puisse en tirer aucune induction précise (1). Un tel passage, vraiment *obscur*, qui n'est nullement d'accord avec l'intention présumable de Pline, et que l'usage contredit; qui d'ailleurs manque de tous les détails qui eussent été nécessaires pour qu'on eût pu comprendre exactement toute la pensée de cet auteur, ne me paraît pas capable de contre-balancer ceux qui le suivent en assez grand nombre, et dans lesquels Pline a décrit avec soin toutes les particularités que le platine nous offrit quand nous le connûmes.

Si l'on trouve que c'est assez de ce passage pour empêcher qu'on n'affirme, d'après les autres, que le platine fût connu, il ne paraîtra pas sans doute assez fort pour qu'on soutienne affirmativement que ce métal ne l'était point, ni pour infirmer la probabilité de cette connaissance, encore moins pour détourner d'en faire la recherche.

Un dernier motif qui me détermine à ne pas tenir grand compte de ce passage, est la manière dont le plus ancien et le plus imposant des historiens a parlé du *cassiterós* : il ne le décrit pas en naturaliste avec la méthode analytique que Pline a suivie, mais il en exalte les avantages, il en admire le mérite et les propriétés; il ne le montre jamais employé qu'avec des métaux riches et sur les objets les plus précieux. Or,

(1) Nous avons employé la ressource des alliages contre le vert-de-gris et les dangers de la présence du cuivre, jusqu'à rendre tout-à-fait blanc le métal des robinets de nos fontaines filtrantes.

parmi les effets qui résultent de cet emploi, il y en a qu'on ne peut attribuer à l'étain, et qui ne sauraient provenir que d'un métal de qualité bien différente et bien supérieure, par exemple, du platine ! Cet auteur, dont j'invoque l'important témoignage, est Homère : il n'a pas dit un mot du *cassiterós* dans l'Odyssée, malgré les occasions que ce second poëme en présente aussi fréquemment et aussi naturellement que le premier (1). C'est dans l'Iliade qu'il en a parlé huit ou dix fois en décrivant des armures. Quelques-unes de ces citations n'indiquent *expressément* ni le caractère *précis* de l'étain, ni celui du platine, et l'on ne peut s'étonner qu'Homère ne se soit pas toujours appesanti sur les qualités spécifiques de ce métal, chaque fois qu'il en a parlé ; mais il y a deux de ces passages qui me semblent positifs, et voici tout de suite le plus fort : il est tiré du liv. 21, ỷ. 590, 591, 593, 594, et fait partie de la description du combat d'Agénor contre Achille qui portait des brodequins formés, garnis ou seulement ornés de *cassiterós* (traduction de M. Dugas-Demontbel.)

« Aussitôt d'un bras vigoureux il lance un trait » aigu qui, sans dévier, vole et frappe Achille au » genou ; le brodequin formé de (cassiterôs) éclatant, » rend un son terrible ; mais le trait d'airain bondit

---

(1) Cette particularité pourrait faire croire qu'à l'époque de l'Odyssée on avait abandonné l'emploi du *cassiterós*, ou que ce métal avait manqué : au reste les savants qui pensent qu'Homère n'est pas l'auteur de l'Odyssée, trouveront peut-être dans cette observation un motif de plus en leur faveur.

» sur l'armure ! Les présents d'un dieu ont préservé » le héros. »

Un long commentaire affaiblirait ce passage : mais je ne puis croire que le bruit causé par le heurt d'un trait de bronze sur une lame d'étain fît jamais tressaillir personne, ni qu'un javelot acéré bondît et revînt en arrière, s'il n'eût trouvé qu'une chaussure en étain pour obstacle.

Si j'ai dit que les autres passages ne sont pas aussi positifs, je dois en même temps faire observer que tous, ou presque tous, ont un sens louche et embarrassant, si l'on s'obstine à ne voir que de l'étain dans le *cassiterôs* ; au lieu qu'en y trouvant du platine, le sens devient naturel, et l'assortiment des métaux convenable et bien combiné. Par exemple, au liv. 23, ℣. 558, 559, 560, et 561, les hommes de l'art, hommes de goût et connaisseurs, verront toujours avec étonnement, et ne croiront qu'avec peine, que la cuirasse d'Astéropée, donnée par Achille à Eumède, comme un objet rare et précieux, ne fût bordée qu'en étain ! En effet, cette cuirasse était en bronze, parce que ce genre d'armure doit être fort et résistant, ce qui se conçoit très-bien ; mais l'airain sur les cuirasses était la chose la plus commune, et n'eût point fait de celle-ci un objet rare et de valeur, à moins qu'il n'eût été enrichi de ciselures ou de reliefs curieux et soignés, ce dont Homère ne dit pas un mot. Ce n'était donc que par l'assortiment du champ avec la bordure, ou par le prix et la rareté de celle-ci, que la cuirasse était précieuse, comme le poëte le donne à entendre, lorsqu'il y fait insister Achille ; cependant cette bordure eût été bien inconvenante, si elle n'eût été qu'en étain, l'un des métaux les plus mous, les plus faciles à rayer, tailler, endommager, et ne pouvant être qualifié d'éblouissant, s'il n'est chaque jour récuré soigneusement et fourbi ; au lieu que si l'on met la bordure en platine, tout sera d'accord et remplira bien les conditions du problème.

Citerai-je encore, du livre 11, ℣. 564 et 565, cette vigne enchantée aux pampres d'or, dont Vulcain fait soutenir les ceps par des échalas d'argent; qu'il cerne d'un fossé en métal bleuâtre (c'est-à-dire de fer ou d'acier *mis au bleu*), et que pour la défendre sans doute et la préserver de dégâts et d'insultes, il entoure avec une haie de *cassiterós;* croira-t-on que cette vigne d'or, échaladée en argent et remparée d'acier bruni, eût été solidement ou convenablement gardée par une haie d'étain, et que le divin Homère n'eût point employé le fer et le bronze, au lieu d'un métal qu'un cimeterre eût fait voler par taillades, ou que le feu d'une torche eût mis en fusion.

Je ne citerai rien de plus, de peur de me rendre fatigant : je préfère de renvoyer à l'Iliade sur le reste (1).

Malgré l'évidence que produisent la description du plomb blanc, donnée par Pline, les applications qu'on en faisait pour le plaqué, les passages que j'ai cités, de Strabon, Isidore, Homère, etc., je ne soutiendrai point obstinément que les anciens connaissaient le platine; cette réserve ne m'est cependant inspirée que par la recette obscure et inintelligible d'un alliage qu'on n'a vu nulle part, quoique l'usage eût dû en

(1) Liv. 11, v. 24, 25; v. 32, 33, 34, 35 ; 18, v. 474; v. 574; 20, v. 267, 268 et suiv. ; 21, v. 503, 504, 558 et suiv.

être très-fréquent, et dont la composition ne s'accorde point avec ce que Pline a dit partout ailleurs. Je ne fais donc nul doute que ce passage n'en imposera point aux lecteurs, et qu'ils trouveront que je cède trop à la crainte de me laisser éblouir par mon opinion. D'un autre côté, quel prétexte pourrait-on bien alléguer pour se croire en droit de nier positivement que les anciens aient connu le platine, ou même pour repousser la probabilité de l'affirmative? C'en est donc assez, et je ne regrette pas d'avoir fait les recherches qui m'autorisent du moins à présenter cette affirmative comme extrêmement vraisemblable.

EXTRAIT D'UN MÉMOIRE INÉDIT.

Nota. Au nombre des renseignements que j'ai puisés dans quelques anciens auteurs, je n'ai voulu compter aucuns de ceux qui n'eussent offert que de pures vraisemblances, sans une sorte de garantie : par exemple, je n'ai point cité Plutarque, à cause des reproches qu'on lui fait de trop abonder en comparaisons, et de n'être pas heureux dans les applications qu'il en fait ; cependant, malgré ces torts dont je ne cherche point à le disculper, je puis faire observer du moins qu'ils ne proviennent que d'un manque de goût et de justesse d'esprit, mais que ni l'un ni l'autre n'ont jamais inspiré de soupçons sur la véracité de Plutarque. Ainsi, malgré l'excessive accumulation de ses comparaisons ou les conséquences mal-adroites qu'il en déduit, on doit toujours convenir qu'il n'en prend les sujets que dans les événements, les pratiques, les opinions et les usages accrédités de son temps. Les citations qu'il en fait sont donc à couvert du blâme qu'il peut mériter comme homme de lettres ou comme logicien, et Plutarque, dont la droiture et la bonne foi ne sont pas suspectes, doit faire autorité comme historien et observateur.

Or, il est assez remarquable qu'en deux endroits, il ait pris pour sujet de comparaison l'alliage du cuivre et du *cassiterôs*, dont tout le succès était généralement attribué à ce dernier métal !

« Comme le *cassiterôs* fondu avec le cuivre (qui de soi-même est » rare et plein de petits pertuis) le serre et l'espessit, et quand et quand » le rend plus luisant et plus net, aussi n'y a-t-il inconvénient que » la divine exhalation, etc. » (*des Oracles qui ont cessé*, *p.* 353. *H. Lyon*, 1592, trad. d'Amyot, à laquelle je n'ai fait de changement que pour substituer le *cassiterôs* de Plutarque à l'étain du traducteur.

Je crois voir deux parties bien distinctes en ce passage. Les pores déliés et nombreux du cuivre et le remplissage de ces vides par le *cassiterôs* sont la part que je laisse à Plutarque pour ses connaissances métallurgiques ; mais je revendique de lui comme historien des procédés d'arts et des opinions de son temps. La citation du mélange des deux métaux, parce qu'elle prouve que cet alliage était plus ou moins fréquemment pratiqué ; parce que l'éclat et la netteté du luisant que le cuivre en recevait était un fait incontestable et notoire, dont le succès attribué au *cassiterôs* établissait la prééminence de ce dernier métal sur le cuivre.

Dans l'autre passage où Plutarque désapprouve que le jeune Bacchon, dont la principale dot se compose de ses qualités personnelles et des avantages de son âge, épouse Isménodora, dont les biens sont considérables, il donne pour motif que tout le mérite du jeune homme ne le mettrait point à l'abri des prétentions de supériorité que sa femme tirerait de sa fortune, ni des hauteurs d'une famille opulente, et finit par observer que c'est perdre le *cassiterôs* que de l'allier au cuivre en trop petite quantité. (Ibid., *de l'amour*, page 608.)

Je connais les inductions favorables que ces deux passages me pourraient fournir, mais je me suis fait un devoir de n'employer que ceux qui m'ont paru trancher! C'est par le même motif que je n'insiste pas sur la confirmation de l'existence du platine en Russie, ni sur la découverte qu'on dit en avoir été récemment faite en Andalousie. Je vois néanmoins en cela pour la suite d'heureux augures de nouvelles rencontres sur la voie desquelles celles-ci nous mettent avec espoir. J'y trouve même une sorte de contre-poids au refus d'adopter les récits de Pline, fondé sur ce qu'on n'avait encore trouvé de platine dans aucun endroit de l'Europe.

De même aussi me suis-je donné garde de me créer de petites difficultés pour me procurer le moyen de leur opposer de graves réfutations. Par exemple : je n'ai pas prévenu l'objection qu'on pourrait tirer du silence de Pline sur l'inaltérabilité du *cassiterôs*, parce que cette propriété, qui n'est pas apparente au premier coup-d'œil, pouvait bien sans doute n'être pas plus connue du temps de Pline qu'elle ne l'était encore chez nous du temps de Fourcroy qui n'en parlait pas non plus! D'ailleurs, cette propriété devait être masquée par les métaux plus ou moins oxidables qu'on était contraint d'employer pour la fonte, et peut-être nous fût-elle restée longtemps inconnue, si nous n'eussions trouvé, pour obtenir le platine pur, des procédés que les anciens n'avaient pas imaginés.

Je n'ai tenu également nul compte de ce qu'on lit dans le Dispensaire qui nous est parvenu sous le nom de Dioscoride : je veux parler des vases de *cassiterôs* que l'auteur indique comme propres à contenir du mercure, ainsi que les vases de verre, de plomb et d'argent, (liv. 5, ch. 70); et à préserver de rancidité les huiles animales concrètes. (Fin de la préf. du 1er. liv.)

Les interprètes ne se sont pas arrêtés à cette dernière indication, malgré le blâme qu'on pourrait en faire, si l'on ne voyait que de l'étain dans le *cassiterôs :* mais ils se sont récriés unanimement contre la première, parce qu'en prenant le mot *plomb* pour le plomb grossier ou plomb noir, et le *cassiterôs* pour de l'étain, et voyant en outre attribuer aux vases d'argent la même propriété, ils n'ont pu croire qu'un passage aussi défectueux fût de l'auteur qu'ils traduisaient, et ils l'ont regardé comme une interpolation !

Néanmoins, en considérant qu'Oribase a reproduit dans ses compilations la même indication dont il a retranché les vases d'argent (liv. 13, lett. Y), et que les anciens (comme nous l'avons vu) donnaient au mot plomb, généralement pris, une acception indéterminée, serait-il déraisonnable d'entrevoir dans le *cassiterôs* joint au mot plomb la fixation du vrai sens de cette dernière expression, et de retrouver ici les mêmes idées auxquelles Pline a donné plus de développement? Toutefois, j'ai préféré de m'en tenir à l'opinion qu'on a communément de ce passage, et je l'ai regardé comme entièrement inutile, soit pour étayer l'interprétation du *cassiterôs* par le platine, soit pour la combattre !

Ce serait un travail long et pénible que de compulser tous les auteurs grecs, avec l'intention d'y trouver quelques renseignements sur le même sujet : ma position ne m'a point permis de l'entreprendre, mais je suis loin d'affirmer qu'il fût infructueux !